Ansible
徹底活用ガイド

平 初、平原 一帆、小野寺 大地、
安久 隼人、坂本 諒太、冨永 善視 =著

注目の構成管理ツールを徹底活用!
基礎・応用・テスト・実践までを網羅
Playbookサンプルコード付き

インプレス

- 本書は、インプレスが運営するWebメディア「Think IT」で、「注目の構成管理ツールAnsibleを徹底活用する」として連載された技術解説記事を電子書籍およびオンデマンド書籍として再編集したものです。
- 本書の内容は、執筆時点までの情報を基に執筆されています。紹介したWebサイトやアプリケーション、サービスは変更される可能性があります。
- 本書の内容によって生じる、直接または間接被害について、著者ならびに弊社では、一切の責任を負いかねます。
- Ansibleは、米国Red Hat, Inc. の米国およびその他の国における登録商標もしくは商標です。
- 本文中記載の会社名、商品名、ロゴは各社の商標、または登録商標です。

はじめに

　多くのサーバーを管理する必要があるITの最前線で、構成管理ツールAnsibleが注目されています。本書では、構成管理ツールとしてAnsibleを選ぶべき理由の解説から、導入方法の紹介、応用まで解説します。

目 次

はじめに iii

第 I 部　Ansible 概論　　　　　　　　　　　　　　　　　　　　　1

第 1 章　構成管理ツールとして Ansible を選ぶべき理由 3
1.1　Ansible とは何か 3
1.2　Ansible が注目されている理由 4
1.3　Ansible に取り組むべき理由とメリット 5
1.4　Ansible が備える類似の構成管理ツールに対する優位性 5
1.5　Ansible の今後の展望 7

第 II 部　Ansible 基礎編　　　　　　　　　　　　　　　　　　　　9

第 2 章　Ansible のインストールとサンプルコードの実行 11
2.1　Ansible について 11
2.2　前提環境 11
2.3　Ansible のインストール 12
2.4　ansible コマンドを使うために必要な設定 14
2.5　Ansible Playbook を試す 17
2.6　多様な ansible モジュール 20
2.7　次の章でやること 21

第3章　実践！ AnsibleによるWordPress環境構築　23
- 3.1　前提環境について　23
- 3.2　Ansible Playbookの書き方の基本　23
- 3.3　次の章でやること　33

第III部　Ansible応用編　35

第4章　より実践的なPlaybookを作り上げる　37
- 4.1　環境の変更点と構築のための振り返り　37
- 4.2　WordPress構築に必要な処理　37
- 4.3　Ansible Best Practiceに入る前に　39
- 4.4　Ansible Best Practice　39
- 4.5　Top LevelのPlaybook　41
- 4.6　今回作成するPlaybookの概要　42
- 4.7　実際のディレクトリ構造　42
- 4.8　Playbookの作成　44
- 4.9　実行結果　48
- 4.10　まとめと次の章でやること　50

第5章　さらにPlaybookをきわめる　53
- 5.1　Playbookを効率的に書く　53
- 5.2　デバッグを効率的に行う　60
- 5.3　その他のTips　65
- 5.4　まとめと次の章でやること　71

第6章　Ansibleにおいてテストを行う理由　73
- 6.1　Ansibleにおいてテストは必要か　73
- 6.2　テスト対象　74
- 6.3　テストツール　76
- 6.4　テストツールを使用した実例　78
- 6.5　まとめと次の章でやること　83

第 7 章　開発チームの環境を Ansible で一括構築しよう ... 85
- 7.1　Playbook の紹介 ... 85
- 7.2　Playbook の実行 ... 88
- 7.3　構築した環境のテスト ... 97
- 7.4　まとめ ... 99

第Ⅰ部

Ansible概論

第1章　構成管理ツールとしてAnsibleを選ぶべき理由

　Ansibleは、多数のサーバーや複数のクラウドインフラを統一的に制御できる構成管理ツールです。構成管理ツールとして巷で人気のあるPuppetやChefなどの置き換えに利用できます。すでに国内でも、大量の仮想サーバー環境を持つ大手金融機関や大規模製造業を中心に、多くのユーザー企業が使い始めています。この本では、いま注目を浴びつつあるAnsibleについて、その特徴および魅力を紹介していきます。

1.1　Ansibleとは何か

　Ansibleは構成管理ツールとして取り上げられることが多いのですが、大きく分けて3つの役割が統合されています。

- デプロイメントツール
- オーケストレーションツール
- 構成管理ツール

　Ansibleでは、PlaybookというYAML形式のテキストファイルに定型業務をタスクとして記述し、それをAnsibleに実行させることにより、様々な処理を実現できます。タスクはモジュールと呼ばれる処理プログラムと紐付いており、サーバーの構成管理だけではなく、ネットワークやロードバランサー、クラウドインフラに対する制御を行うこともできます。システムが稼働するインフラを含んだ全体を構築できる点が、Ansibleがオーケストレーションツールでもある理由です。また、サーバー上に任意のファイルをデプロイしたり、パッケージのインストールを行わせたりするデプロイメントツールとしての側面もあります。

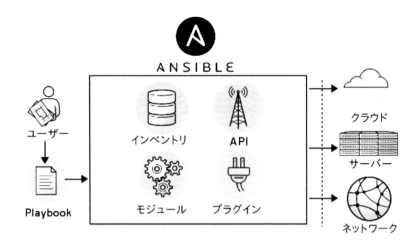

図 1.1　Ansible のアーキテクチャ

1.2　Ansibleが注目されている理由

後発製品のため、従来の構成管理ツールの弱点を克服

　一回しか実行しない単発の作業のためだけに手順を記述することなく、任意のコマンド、もしくは任意のモジュールをコマンドラインから呼び出すことも Ansible では可能です。これをアドホックコマンドと呼びます。

　また、ファイルのアップロード／ダウンロードも行えるため、複数台の管理対象サーバーからのログ採取も可能です。

　そして、従来の構成管理ツールで手順を記述する場合に求められたプログラミングの知識は不要です。というのも Ansible では、YAML 形式のテキストファイルにて手順を列挙するだけで済むからです。

エージェントレスのアーキテクチャ

　Ansible の管理対象サーバーに、エージェントツールは不要です。必要なのは、Python 2.4 以降がインストールされていることだけです。最近の主要な Linux ディストリビューションであれば、Python は大体インストールされていますので、追加でインストールする必要もありません。

したがって、管理対象サーバーのIPアドレスとSSHの認証情報が分かっていれば、一度もログインせずにAnsibleから利用し始めることができます。また、パスワード認証および公開鍵認証の両方に対応しています。

Ansibleモジュールによる拡張性の高さ

Ansibleには、管理対象サーバーやサービスごとに実に様々なモジュールが用意されています。サービスの起動・停止を行うモジュールから、iptablesのファイアウォールを設定するモジュール、AWSやAzure、OpenStackなどのクラウドインフラを制御するAnsibleモジュールも存在します。

またPlaybookの実行時のステータスなどを、IRCやSlackに通知するモジュールもあります。執筆時点では、拡張モジュールを含めると400種類を超えるAnsibleモジュールが提供されています。詳細は、Ansible List of All Modules[*1]を参照してください。

さらに、腕に自信があれば、BashやPythonなどの言語環境でAnsibleモジュールを書くことも可能です。

1.3　Ansibleに取り組むべき理由とメリット

PuppetやChef、そしてAnsibleなどの構成管理ツールを使うべき理由としては、以下のようなものが挙げられます。

- 手動オペレーションによるタイムロスの削減
- メンテナンス時におけるオペレーションミスの発生可能性の低減
- 運用後における手順の変更が、作業手順書に反映されていないことによる作業漏れの撲滅
- 直接ログインする機会を最小限にすることによるセキュリティの向上

1.4　Ansibleが備える類似の構成管理ツールに対する優位性

PuppetやChefなどと比べて、構成管理ツールとしてのAnsibleは何か特別なことができるか？　と質問されることがあります。この質問に対する答えは「大体同じです」となります。そ

---

*1　http://docs.ansible.com/ansible/list_of_all_modules.html

れでは、Ansible を選択する理由はどこにあるのでしょう？

Playbook を YAML 形式でシンプルに記述できる

　Chef の Cookbook は Ruby の記法で書かれており、Ruby プログラミングの一種だと言えるでしょう。また Puppet の Manifest は、Puppet 独自の宣言型言語で記述されています。一方 Ansible の Playbook は、一般的な YAML 形式の記法で記述できます、YAML 形式は様々な製品でよく使われているため、記述方法の学習コストが少ないと言えます。さらに開発チームと運用チームの両方から分かりやすい表記方法である点も、DevOps を実現する上でとても重要です。

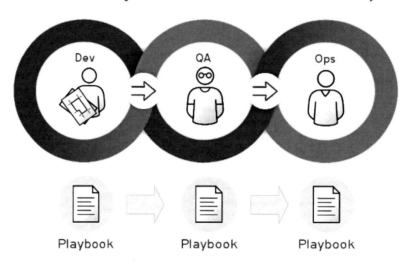

図 1.2　Ansible Playbook で実現する DevOps

　また YAML の出力処理さえできば、Playbook を自動生成することも容易にできます。

リスト 1.1: Playbook のサンプル

```
- hosts: webservers
  become: yes
  tasks:
  - name: check install httpd
    yum: name=httpd state=latest
  - name: check running and enabled httpd
    service: name=httpd state=running enabled=yes
```

```
- name: configure firewalld TCP:80
  firewalld: port=80/tcp state=enabled permanent=true immediate=yes
```

Ansibleはスタンドアローンでも使える

　ChefやPuppetと比べて、AnsibleはPush型で構成上シンプルなため、スモールスタートが可能です。クライアント・サーバー型の構成は、必須ではありません。リモートの管理対象サーバーだけではなく、ローカル環境もAnsibleの管理対象にすることができます。管理対象サーバーを増やしたい場合は、inventoryと呼ばれるサーバーのアドレス一覧に追記するだけです。もちろん、管理対象サーバー1台だけではなく、すべてに対して適用したり、グループ化された管理対象サーバーに対してのみ適用したりすることも可能です。

リスト1.2: inventoryのサンプル

```
[database]
192.168.0.100
[webservers]
192.168.0.101
192.168.0.102
192.168.0.103
```

Ansibleは冪等性がある

　AnsibleのPlaybookでは、対象リソースに対して「何を実行するのか」ではなく、「どういう状態があるべき姿なのか」を記述します。そのため、同じ処理を何回実行しても同じ結果になります。この性質を冪等性（べきとうせい）と呼びます。AnsibleのPlaybookには冪等性があり、この点は、FabricやCapistranoなどの構成管理ツールと比べた場合の優位性となります。

1.5 Ansibleの今後の展望

　2015年にAnsible社は、Red Hatに買収されました。これにより、Red Hat Enterprise Linux環境におけるアプリケーションのデプロイやソフトウェアデリバリーの仕組みの迅速化、OpenStackのインストールの自動化、コンテナ導入の促進などの効果が期待されます。
　またAnsibleは、分散ストレージのCephと同じようにオープンコア戦略を取っており、コアテクノロジーはオープンソース・ソフトウェアですが、Web UIを持つ管理システムのAnsible Towerはプロプラエタリ製品になっています。この点については、Cephの管理ツールのCeph Calamariのように、早期にオープンソース・ソフトウェア化する必要があると考えており、現

第 1 章　構成管理ツールとして Ansible を選ぶべき理由

在、Red Hat の社内で鋭意作業中です。

図 1.3　管理システム Ansible Tower の UI

　Ansible は OpenStack や、OpenShift などの PaaS 環境とも相性が良いソフトウェアなので、今後、Red Hat の多くの製品で使われていくことでしょう。

第II部

Ansible基礎編

第2章 Ansibleのインストールとサンプルコードの実行

　第2章と第3章では、「Ansible 基礎編」と題してAnsibleの導入方法や簡単な使い方について詳しく解説していきます。
　この章では、Ansible 2.0のインストール手順と簡単なサンプルコマンド、Playbookを実行するまでの手順について紹介します。

2.1 Ansibleについて

　第1章でも紹介したように、Ansibleは指定されたコマンドや、複数のコマンドをまとめて記述したPlaybookを用いて、対象となるサーバーの操作を行うことができます。これは、Ansibleサーバーから操作対象サーバーに向けてSSH接続することで処理を実行しています。

2.2 前提環境

　この章では、図2.1（次ページ）に示した環境を前提に説明します。
　本環境では CentOS 7.2 を用いて、ソフトウェアの選択時に「最小限（Minimal）」を選んでインストールを実施しています。ネットワークは、インターネットへの接続が可能な外部ネットワークと、Ansible コマンドを実施する際に指定する Ansible 管理ネットワークを設定しています。検証環境の都合でネットワークを分けていますが、これらは同じセグメントでも構いません。操作対象サーバーのユーザーとして、rootのほかにuserを作成しています。
　Ansibleの動作環境において、ハードウェア要件は明確に記載されていません。一方ソフトウェア要件としては、Ansible 実行サーバーには Python 2.6 か 2.7 のインストールが必要です。

第 2 章　Ansible のインストールとサンプルコードの実行

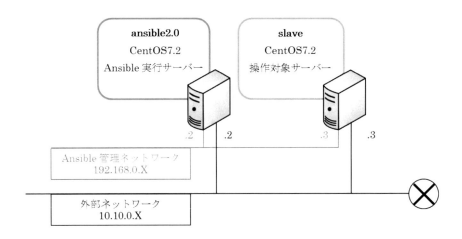

図 2.1　前提環境

また操作対象のサーバーには、Python 2.4 以上（2.x）が必要である旨が記載されています。要件の詳細については、公式ドキュメント「Installation - Ansible Documentation」[*1]をご参照ください。

2.3　Ansibleのインストール

　CentOS 7.2 においては、yum を用いるのが最も簡単なインストール手順となります。ただし、執筆時点（2016/02/01）では CentOS の標準レポジトリに Ansible が含まれていないため、EPEL（Extra Package for Enterprise Linux）レポジトリを利用することになります。

リスト 2.1: EPEL のインストール@ Ansible 実行サーバー

```
[root@ansible2 ~]# yum install epel-release
読み込んだプラグイン:fastestmirror
epel-release-7-5.noarch.rpm                                    |  14 kB
00:00:00
/var/tmp/yum-root-3G6fd0/epel-release-7-5.noarch.rpm を調べています:
epel-release-7-5.noarch

（中略）

　インストール中            : epel-release-7-5.noarch
1/1
```

---

*1　http://docs.ansible.com/ansible/intro_installation.html

2.3 Ansible のインストール

```
  検証中                  : epel-release-7-5.noarch                          1/1

インストール:
  epel-release.noarch 0:7-5

完了しました!
```

執筆時点（2016/02/01）での Ansible の最新版（2.0）をインストールするためには、EPEL パッケージのインストール後に、epel-testing レポジトリを有効にする必要があります。

リスト 2.2: Ansible のインストール@ Ansible 実行サーバー

```
[root@ansible2 ~]# yum install ansible --enablerepo=epel-testing

(中略)

================================================================================
 Package               アーキテクチャー     バージョン              リポジトリー        容量
================================================================================
インストール中:
 ansible               noarch               2.0.0.2-1.el7           epel-testing        2.8 M
依存性関連でのインストールをします:
 PyYAML                x86_64               3.10-11.el7             base                153 k
 libtomcrypt           x86_64               1.17-23.el7             epel                224 k
 libtommath            x86_64               0.42.0-4.el7            epel                 35 k
 python-babel          noarch               0.9.6-8.el7             base                1.4 M
 python-ecdsa          noarch               0.11-3.el7.centos       extras               69 k
 python-httplib2       noarch               0.7.7-3.el7             epel                 70 k
 python-jinja2         noarch               2.7.2-2.el7             base                515 k
 python-keyczar        noarch               0.71c-2.el7             epel                218 k
 python-markupsafe     x86_64               0.11-10.el7             base                 25 k
 python-paramiko       noarch               1.15.1-1.el7            epel                999 k
 python-pyasn1         noarch               0.1.6-2.el7             base                 91 k
 python-six            noarch               1.9.0-2.el7             base                 29 k
 python2-crypto        x86_64               2.6.1-9.el7             epel                475 k
 sshpass               x86_64               1.05-5.el7              epel                 21 k

(中略)

完了しました!
[root@ansible2 ~]#
```

リスト 2.3: --enablerepo=epel-testing の指定がない場合@ Ansible 実行サーバー

```
[root@ansible2 ~]# yum install ansible

(中略)

================================================================================
 Package               アーキテクチャー     バージョン              リポジトリー        容量
================================================================================
```

第 2 章　Ansible のインストールとサンプルコードの実行

```
インストール中:
  ansible         noarch         1.9.4-1.el7         epel         1.7 M
(中略)
完了しました!
```

リスト 2.3 のように、オプションで epel-testing の使用を指定しないと、Ansible 1.9.4 がインストールされます。その場合でも、epel-testing を指定して再度 yum コマンドを実行すれば、アップデート可能です。

リスト 2.4: Ansible 2.0 へのアップデート@ Ansible 実行サーバー

```
[root@ansible2 ~]# yum install ansible --enablerepo=epel-testing
(中略)
更新:   ansible.noarch 0:2.0.0.2-1.el7
完了しました!
```

インストールされた Ansible のバージョンは、「ansible --version」と入力することで確認できます。

リスト 2.5: Ansible のバージョン確認@ Ansible 実行サーバー

```
[root@ansible2 ~]# ansible --version
ansible 2.0.0.2
  config file = /etc/ansible/ansible.cfg
  configured module search path = Default w/o overrides
```

2.4　ansible コマンドを使うために必要な設定

Ansible で対象サーバーを操作するためには、操作対象サーバーへの接続が必要となります。接続状況と設定を確認するため、Ansible では図 2.2 のコマンドがよく用いられます。

Ansible では、操作対象となるサーバー（IP アドレスで指定）と実行するモジュールを指定して実行します。図 2.2 の例では、192.168.0.3 のサーバーに対し、ping モジュールを実行しています。ただし現時点では、ping の実行は失敗してしまいます。

2.4 ansible コマンドを使うために必要な設定

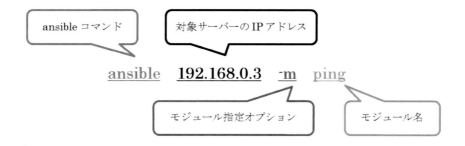

図 2.2 操作するサーバーへの接続を確認する

リスト 2.6: hosts リストの未設定による ansible の実行失敗 @ Ansible 実行サーバー

```
[root@ansible2 ~]# ansible 192.168.0.3 -m ping
 [WARNING]: provided hosts list is empty, only localhost is available
```

　Ansible は実行内容によっては対象のサーバーに重大な影響を及ぼしてしまうため、実行が許可されるのは IP アドレスが hosts リストに書かれているサーバーに限定されています。hosts リストは、デフォルトでは「/etc/ansible/hosts」となりますが、-i オプションを用いて一時的に別のファイルを指定することも可能です。

リスト 2.7: /etc/ansible/hosts の hosts リストを用いた ansible の実行 @ Ansible 実行サーバー

```
[root@ansible2 ansible]# cat /etc/ansible/hosts
192.168.0.3
[root@ansible2 ~]# ansible 192.168.0.3 -m ping
192.168.0.3 | UNREACHABLE! => {
    "changed": false,
    "msg": "ERROR! SSH encountered an unknown error during the connection. We
recommend you re-run the command using -vvvv, which will enable SSH debugging output
 to help diagnose the issue",
    "unreachable": true
}
```

リスト 2.8: 任意の hosts リストを用いた ansible の実行 @ Ansible 実行サーバー

```
[root@ansible2 ~]# cat /root/hostlist
192.168.0.3
[root@ansible2 ~]# ansible -i /root/hostlist 192.168.0.3 -m ping
192.168.0.3 | UNREACHABLE! => {
    "changed": false,
    "msg": "ERROR! SSH encountered an unknown error during the connection. We
recommend you re-run the command using -vvvv, which will enable SSH debugging output
 to help diagnose the issue",
    "unreachable": true
}
```

　リスト 2.7、リスト 2.8 のように hosts リストがあれば、先ほどの WARNING は表示されなく

なりますが、今度は ERROR が表示され、ansible コマンドの実行が失敗しています。これは、Ansible が対象となるサーバーを操作するためには hosts の設定に加えて、認証が必要となるためです。認証には、秘密鍵の作成と登録による方法や、簡単な方法として -k オプションで操作対象サーバーの SSH パスワードを入力し実行するといった方法があります。実際の構築環境に応じたセキュリティ設定を選択してください。本章では、パスワードを毎回入力する手間を省くため、ssh-key gen と ssh-copy-id を用いて認証を行っています。

リスト 2.9: -k オプションを用いた ansible コマンドの実行 @ Ansible 実行サーバー

```
[root@ansible2 ansible]# ansible 192.168.0.3 -m ping -k
SSH password: <パスワード入力>
192.168.0.3 | SUCCESS => {
    "changed": false,
    "ping": "pong"
}!
```

リスト 2.10: ssh-copy-id を用いた ansible コマンドの実行 @ Ansible 実行サーバー

```
[root@ansible2 ~]# ssh-keygen
Generating public/private rsa key pair.
Enter file in which to save the key (/root/.ssh/id_rsa):
Enter passphrase (empty for no passphrase):

(中略)

[root@ansible2 ~]# ssh-copy-id 192.168.0.3
/usr/bin/ssh-copy-id: INFO: attempting to log in with the new key(s), to filter out any that are already installed
/usr/bin/ssh-copy-id: INFO: 1 key(s) remain to be installed -- if you are prompted now it is to install the new keys
root@192.168.0.3's password:

Number of key(s) added: 1

Now try logging into the machine, with:   "ssh '192.168.0.3'"
and check to make sure that only the key(s) you wanted were added.

[root@ansible2 ~]# ansible 192.168.0.3 -m ping
192.168.0.3 | SUCCESS => {
    "changed": false,
    "ping": "pong"
}
```

以上で、操作対象サーバーとの疎通が確認できました。

ansible コマンドの詳細については、「ansible --help」で確認することができます。また、ansible コマンドのオプションとなるモジュールについては、「ansible-doc【モジュール名】」とすることで各モジュールの詳細を確認することができます。モジュールの種類については、公式

ドキュメント「Module Index - Ansible Documentation」[*2]をご参照ください。

リスト 2.11: ansible-doc コマンドによるモジュール詳細の確認@ Ansible 実行サーバー

```
[root@ansible2 ~]# ansible-doc ping
less 458 (POSIX regular expressions)
Copyright (C) 1984-2012 Mark Nudelman

less comes with NO WARRANTY, to the extent permitted by law.
For information about the terms of redistribution,
see the file named README in the less distribution.
Homepage: http://www.greenwoodsoftware.com/less
> PING

  A trivial test module, this module always returns 'pong' on successful contact. It
  does not make sense in playbooks, but it is useful from '/usr/bin/ansible' to
verify
  the ability to login and that a usable python is configured. This is NOT ICMP ping,
  this is just a trivial test module.

EXAMPLES:
# Test we can logon to 'webservers' and execute python with json lib.
ansible webservers -m ping


MAINTAINERS: Ansible Core Team, Michael DeHaan
```

2.5 Ansible Playbook を試す

ここまで ansible コマンドを用いて対象サーバーを操作する実例を紹介しましたが、Ansible は対象サーバーに多数の設定を一度に投入することが多いため、直接 ansible コマンドを実行することはほとんどありません。その代わりに Playbook と呼ばれるファイルに操作内容を記述して、ansible-playbook コマンドにより記述された処理を実行します。

この章では例として、yum で sl パッケージをインストールする Playbook を記述し、実行する方法について紹介します。

まず、操作対象サーバーにログインし、sl パッケージがインストールされていないことを確認します。

[*2] http://docs.ansible.com/ansible/modules_by_category.html

第 2 章　Ansible のインストールとサンプルコードの実行

リスト 2.12: sl コマンドの未インストールを確認＠操作対象サーバー

```
[root@slave ~]# sl
-bash: sl: コマンドが見つかりません
```

次に Ansible サーバーに戻り、Playbook となるファイルを作成します。Playbook は YAML 形式で記述し、拡張子は「.yml」とします。今回は、yum.yml という名前のファイルを作成しています。

リスト 2.13: yum.yml ファイルの編集＠ Ansible 実行サーバー

```
- hosts: all
  tasks:
    - name: sl コマンドの yum インストール
      yum: name=sl
```

図 2.3　yum.yml ファイルの詳細

Ansible 実行サーバーで、ansible-playbook コマンドを以下のように実行します。

リスト 2.14: yum.yml Playbook の実行＠ Ansible 実行サーバー

```
[root@ansible2 ansible]# ansible-playbook yum.yml

PLAY ****************************************************************

TASK [setup] ********************************************************
ok: [192.168.0.3]

TASK [sl コマンドの yum インストール]
********************************************************
changed: [192.168.0.3]

PLAY RECAP **********************************************************
```

2.5 Ansible Playbook を試す

```
192.168.0.3                : ok=2    changed=1    unreachable=0    failed=0
```

　上記の Playbook により、hosts ファイルで指定している操作対象サーバー（192.168.0.3）に対して sl パッケージがインストールされました。操作対象サーバーで sl コマンドを実行すると、先ほどは失敗していた sl コマンドの実行に成功します。ちなみに sl コマンドは、ls コマンドを「sl」と誤入力した際に、画面上を SL が走り抜けることを目的としたジョークコマンドです（図 2.4）。

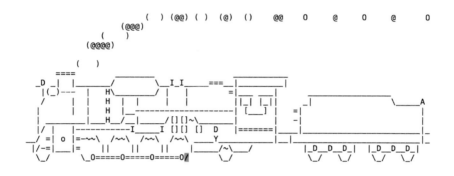

図 2.4　sl コマンドの実行@操作対象サーバー

　なお Ansible では、操作対象サーバーで既に実行済みの操作については再実行されず、設定済みである旨が示されます。試しに、先ほど実行した Playbook を再実行してみます。

リスト 2.15: yum.yml Playbook の再実行@ Ansible 実行サーバー
```
[root@ansible2 ansible]# ansible-playbook yum.yml

PLAY ****************************************************************

TASK [setup] ********************************************************
ok: [192.168.0.3]

TASK [sl コマンドの yum インストール]
****************************************************
ok: [192.168.0.3]

PLAY RECAP **********************************************************
192.168.0.3                : ok=2    changed=0    unreachable=0    failed=0
```

　先ほど changed として示されていた yum インストールが ok となっており、実行時間も短縮されます。

2.6 多様なansibleモジュール

本章の最後に、実際の環境構築に用いられる Playbook から抜粋し、いくつかの ansible モジュールを紹介したいと思います。

get_url モジュール

get_url モジュール[3]は、wget コマンドのように指定した URL のファイルを、保存先にダウンロードするパッケージです。「url=」以下にはダウンロード先となる URL を指定しますが、リスト 2.16 では変数を用いて指定しています。変数の使用法については、次章で紹介します。

リスト 2.16: get_url モジュールの使用例

```
- name: rubyのダウンロード//}
  get_url:
    url={{ rubyurl }}
    dest=/tmp/ruby.tar.gz
```

unarchive モジュール

unarchive モジュール[4]は、tar コマンドのように、ダウンロードなどにより入手した tar.gz ファイルなどを展開するパッケージです。

リスト 2.17: unarchive モジュールの使用例

```
- name: rubyの展開
  unarchive: src=/tmp/ruby.tar.gz dest=/tmp copy=no
```

shell モジュール

Ansible のモジュールはコマンドを幅広くサポートしていますが、それでも対応するモジュールがない場合は、shell モジュール[5]を用いることで、実行したい処理を記述することができます。リスト 2.18 では、ruby をインストールするための configure や make を実行しています。

---

[3] http://docs.ansible.com/ansible/get_url_module.html
[4] http://docs.ansible.com/ansible/unarchive_module.html
[5] http://docs.ansible.com/ansible/unarchive_module.html

リスト 2.18: shell モジュールの使用例

```
- name: ruby のインストール
  shell: chdir=/tmp/{{ rubyver }} ./configure --disable-install-doc
- name: make ruby
  shell: chdir=/tmp/{{ rubyver }} make
- name: make install ruby
  shell: chdir=/tmp/{{ rubyver }} make install
```

postgresql_user モジュール

最後に、特定のソフトウェアのコマンドの例を紹介します。postgresql_user モジュール[6]は、PostgreSQL でユーザーを作成するためのモジュールです。頻繁に使うものではないかもしれませんが、Ansible モジュールが幅広い分野に及ぶコマンドをサポートしていることをご理解いただけると思います。

リスト 2.19: postgresql_user モジュールの使用例

```
- name: PostgreSQL redmine user 作成
  postgresql_user:
    name=redmine
    password={{ password }}
```

2.7　次の章でやること

　いかがでしたでしょうか。この章では簡単ではありますが、Ansible のインストールと ansible コマンドの実行、そしてシンプルな Playbook の実行についてご紹介しました。

　次の章では、WordPress 環境の構築を題材にしながら、Ansible Playbook の作成の基本となる、変数の扱いや頻出のモジュールについて紹介します。

---

[6] http://docs.ansible.com/ansible/postgresql_user_module.html

第3章 実践！ Ansibleによる WordPress環境構築

　前の章では、AnsibleのインストールとAnsibleの簡単なコマンド、Playbookについて紹介しました。この章では、WordPress環境の構築を題材にしながら、Ansible Playbookの作成の基本となる、変数の扱いや頻出のモジュールについて紹介します。

　WordPressはオープンソースのブログ／CMSプラットフォームで、ブログやWebページの作成のために、広く使われているソフトウェアです。WordPressを利用するためには、Apache、PHP、MySQLのインストールが必要となります。これらのインストールに必要な手順をすべてPlaybookに記述し、ansible-playbookコマンドを実行するだけでWordPressを利用できるようにしていきます。

3.1　前提環境について

　前提となる環境は、前の章と同様です。Ansible実行サーバーと、操作対象サーバーの2台にそれぞれCentOS 7.2がインストールされており、外部ネットワークとAnsible管理ネットワークを設定しています。

3.2　Ansible Playbookの書き方の基本

　Playbookには様々な書き方があります。ここでは最も基本的な書き方として、1つのPlaybookにWordPressを構築する全ての手順を記述する方法を紹介します（大規模な環境を構築する際などには、複数のPlaybookを連携させることが多いです）。Playbookの書き方の

第 3 章　実践！　Ansible による WordPress 環境構築

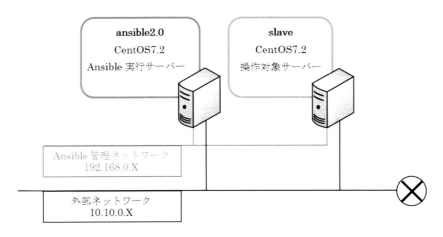

図 3.1　前提環境

方針としては、Ansible 公式サイトにある「Intro to Playbooks」[1]のページをご参照ください。

　本書でも、上記に沿った形で Playbook を記述します。まずは基本的な形について解説します。以下は、WordPress 作成のための Playbook の冒頭部分となります。

リスト 3.1: 作成する Playbook の冒頭部分

```
---
- hosts: wordpress
  vars:
    wordpress_url: https://ja.wordpress.org/wordpress-4.4.2-ja.tar.gz
  remote_user: user
  become: yes

  tasks:
  - name: apache(httpd) のインストール
    yum: name=httpd state=latest
```

　基本的な形は上記のとおりです。最初に環境を規定する「hosts」や「vars」などを指定して、「tasks」以降に処理を記述していきます。

　「vars」で指定しているのは変数です。環境やユーザーによって異なる値が必要となる場合のために、Playbook の冒頭で設定しています。今回の Playbook では、WordPress のダウンロード先となる URL の指定に変数を利用しています。これは、バージョンアップなどによりダウンロード先 URL が変更されることがあるためです。他には、ユーザー名やパスワードなど、環境に応じて異なる値を入れる場合などに設定しておくと便利です。

　「remote_user」では、操作対象のサーバー上で処理を実行するユーザー名を指定してい

---

[1]　http://docs.ansible.com/ansible/playbooks_intro.html

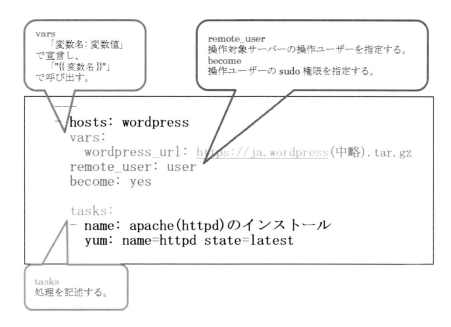

図 3.2　Playbook 冒頭部分の解説

ます。root ユーザーであれば全ての処理が可能ですが、root を使用できない環境などでは、「remote_user」で一般ユーザーを指定し、「become=yes」で sudo 権限を指定する必要があります。

　Playbook を書く際には、動作させたい処理を正しく把握した上で落としこんでいく必要があります。例えば、WordPress をインストールするためには、前提として Apache、PHP、MySQL のインストールと諸設定が必要となるため、その手順を明確にしておく必要があります。今回の例である「WordPress が動作する環境」を構築するためには、下記の表のような処理が必要となります。

必要な処理	具体的な手順
Apache の導入	httpd の yum インストール
	firewall の設定
	httpd サービスの起動
PHP の導入	php の yum インストール
	タイムゾーンの設定
	テストページの作成/httpd サービスの再起動
MySQL の導入	MySQL の yum インストール
	MySQL サービスの起動
WordPress の導入	WordPress のダウンロード
	WordPress の展開
	WordPress の所有権の変更
	httpd サービスの再起動

これらの処理について、それぞれ Ansible のコードとして記述していきます。Ansible は、Playbook に記述された処理を上から順に実行していくため、実行していきたい順に処理を記述していきます。似たような処理をまとめることもできますが、ここでは Playbook の理解のため、まずは上から順に必要な処理を記述していきます。

Apache に関する記述

まず、Apache 部分から作成していきます。

リスト 3.2: Playbook の Apache 導入部分

```
- name: Apache（httpd）のインストール
  yum: name=httpd state=latest

- name: firewalld で HTTP を許可
  firewalld: permanent=True service=http state=enabled immediate=true

- name: サービスの起動
  service: name=httpd state=started enabled=yes
```

yum による httpd（パッケージ名）のインストールを行った後、http 接続のために firewall の設定を行っています。最後に、httpd サービスを起動して、Apache の導入は完了です。

PHP に関する記述

次に、PHP 関連の部分について作成します。

リスト 3.3: Playbook の PHP の導入部分

```
- name: PHP のインストール
  yum: name="{{item}}" state=latest
  with_items:
    - php
```

```
      - php-mysql
  - name: タイムゾーンの設定
    ini_file: >
      dest=/etc/php.ini
      section=Date
      option=date.timezone
      value='"Asia/Tokyo"'

  - name: php テストページの作成
    copy: >
      src=phpinfo.php
      dest=/var/www/html/phpinfo.php

  - name: http サービスの再起動
    service: name=httpd state=restarted enabled=yes
```

　PHP の構築では、yum モジュールによる php インストール、service モジュールによる httpd の再起動のほか、ini_file モジュールによるファイルの編集と、copy モジュールによる外部にあるファイルのコピーを実施しています。

　yum モジュールでは、「name="{{item}}"」として変数を置き、「with_items:」を用いて複数のインストール対象を並列しています。こうした書式により、一度に複数の対象を列挙することができます。

　ini_file モジュールは、操作対象サーバー上の指定した ini 形式のファイルの内容を書き換えます。「dest=」で指定したファイルに含まれる、「section=」で指定したセクションの、「option=」で指定した設定項目を、「value=」で指定した値に変更します。今回は、タイムゾーンの指定を Asia/Tokyo に変更しています。

　ファイル書き換えのコマンドとしては、今回のような ini ファイルには ini_file モジュールが利用可能です。そのほかには、lineinfile モジュールや replace モジュールがよく利用されます。lineinfile は複雑な条件の行指定が可能ですが、複数行の置換に対応していません。一方 replace モジュールは、複数行の置換が可能ですが、複雑な条件の行指定ができません。編集したいファイルに適したものを選択する必要があります。

　copy モジュールは、Ansible 実行サーバーから操作対象サーバーへファイルのコピーを行います。「src=」で指定したファイルを、「dest=」で指定した先へコピーします。「src=」で指定するファイルは Playbook と同じディレクトリに置いておきます。そうでない場合は、パスの記述が必要となります。ここで指定している phpinfo.php というファイルは、以下のようなものです。

リスト 3.4: phpinfo.php

```
<?php
phpinfo();
?>
```

　PHP の設定が終わった時点で「http://192.168.0.3/phpinfo.php」にアクセスすると、PHP の info 画面が表示されます。これにより、Apache と PHP の設定が正しく行われていることを確認できます。

MySQL に関する記述

　続いて、MySQL 部分について作成していきます。

リスト 3.5: Playbook の MySQL の導入部分

```
- name: MariaDB インストール
  yum: name="{{item}}" state=latest
  with_items:
    - mariadb
    - mariadb-server
    - MySQL-python

- name: サービスの起動
  service: name=mariadb state=started enabled=yes
```

　MySQL の構築では、MariaDB 関連の yum インストールと、mariadb サービスの起動を行っています（CentOS 7.0 以降では MySQL ではなく MariaDB の利用が推奨されているため、本書でも MariaDB を用いています）。

　WordPress を利用するためには、MySQL 上でデータベースを作成する必要があります。この作業も Ansible 上から実行可能ですが、今回は説明の都合上、省略しています。実際に本 Playbook を用いて WordPress を利用する場合は、別途操作対象サーバー上で下記の mysql コマンドの実行が必要です。

リスト 3.6: WordPress を動作させるための MySQL の設定@操作対象サーバー

```
※操作対象サーバー上で実行

#mysql -u root
mysql> update mysql.user set password=password('任意のパスワード') where user = 'root';
mysql> flush privileges;
mysql> exit;

# mysql -u root -p
mysql> create database wordpress;
mysql> grant all privileges on wordpress.* to wordpress@localhost identified by '任
```

意のパスワード';

WordPress に関する記述

最後に、WordPress 部分について作成していきます。

リスト 3.7: Playbook の WordPress の導入部分

```
- name: wordpress のダウンロード
  get_url:
    url="{{ wordpress_url }}"
    dest=/tmp/wordpress.tar.gz

- name: wordpress の展開
  unarchive: src=/tmp/wordpress.tar.gz dest=/var/www/html/ copy=no

- name: wordpress の所有権を apache に変更
  file: path=/var/www/html/wordpress/ owner=apache group=apache recurse=yes

- name: http サービスの再起動
  service: name=httpd state=restarted
```

WordPress の構築では、WordPress パッケージのダウンロードとパッケージの展開、所有権の変更を行い、httpd サービスを再起動しています。

WordPress は Apache などのインストールと異なり、yum インストールではなく、get_url モジュールで WordPress のパッケージのある WordPress.org からダウンロードを行っています。ダウンロード先は「url=」で指定した URL となりますが、バージョンアップなどにより変更される可能性があるため、冒頭で指定した「"{{ wordpress_url }}"」として変数を用いています。ダウンロードしたファイルは「dest=」で指定したディレクトリに保存します。

unarchive モジュールでは、ダウンロードしてきた tar.gz 形式の圧縮ファイルを、「dest=」で指定したディレクトリに展開しています。「copy=no」の場合、今回のように操作対象サーバーにあるファイルを展開しますが、「copy=yes」の場合、Ansible 実行サーバーにあるファイルを展開します。

file モジュールは、「path=」で指定したファイルやディレクトリの属性を変更します。様々な変更が行えますが、今回は「owner=」と「group=」を用いて所有権を変更しています。「recurse=yes」により、wordpress/以下のファイルとディレクトリの所有権を、再帰的に変更しています。

以上で、WordPress を構築するための準備が整いました。ここまで 1 ステップごとに作成してきた Playbook をひとつにまとめたファイル wordpress.yml をリスト 3.8 に示します。

第 3 章　実践！　Ansible による WordPress 環境構築

wordpress.yml を実行することで、WordPress 用の環境が構築されます。

リスト 3.8: 完成した wordpress.yml

```yaml
---
- name: wordpress 環境構築
  hosts: wordpress
  remote_user: user
  become: yes
  vars:
    wordpress_url: https://ja.wordpress.org/wordpress-4.4.2-ja.tar.gz

  tasks:
  - name: Apache (httpd) のインストール
    yum: name=httpd state=latest

- name: firewalld で HTTP を許可
  firewalld: permanent=True service=http state=enabled immediate=true

  - name: サービスの起動
    service: name=httpd state=started enabled=yes

  - name: PHP のインストール
    yum: name="{{item}}" state=latest
    with_items:
      - php
      - php-mysql

  - name: タイムゾーンの設定
    ini_file: >
      dest=/etc/php.ini
      section=Date
      option=date.timezone
      value='"Asia/Tokyo"'

  - name: php テストページの作成
    copy: >
      src=roles/phpinfo.php
      dest=/var/www/html/phpinfo.php

  - name: http サービスの再起動
    service: name=httpd state=restarted enabled=yes

  - name: MariaDB インストール
    yum: name="{{item}}" state=latest
    with_items:
      - mariadb
      - mariadb-server
      - MySQL-python

  - name: サービスの起動
    service: name=mariadb state=started enabled=yes

  - name: wordpress のダウンロード
```

```
      get_url:
        url="{{ wordpress_url }}"
        dest=/tmp/wordpress.tar.gz

    - name: wordpress の展開
      unarchive: src=/tmp/wordpress.tar.gz dest=/var/www/html/ copy=no

    - name: wordpress の所有権を apache に変更
      file: path=/var/www/html/wordpress/ owner=apache group=apache recurse=yes

    - name: http サービスの起動
      service: name=httpd state=restarted
```

wordpress.yml を実行した結果を、下記リスト 3.9 に示します。

リスト 3.9: Playbook（wordpress.yml）の実行結果

```
[root@ansible2 wordpress-ansible]# ansible-playbook wordpress.yml

PLAY [wordpress 環境構築] ***********************************************

TASK [setup] *********************************************************
ok: [192.168.0.3]

TASK [Apache (httpd) のインストール] ***************************************
changed: [192.168.0.3]

TASK [firewalld で HTTP を許可] *****************************************
changed: [192.168.0.3]

TASK [サービスの起動] *****************************************************
changed: [192.168.0.3]

TASK [PHP のインストール] *************************************************
changed: [192.168.0.3] => (item=[u'php', u'php-mysql'])

TASK [タイムゾーンの設定] **************************************************
changed: [192.168.0.3]

TASK [php テストページの作成] ***********************************************
changed: [192.168.0.3]

TASK [http サービスの再起動] ***********************************************
changed: [192.168.0.3]

TASK [MariaDB インストール] **********************************************
changed: [192.168.0.3] => (item=[u'mariadb', u'mariadb-server', u'MySQL-python'])

TASK [サービスの起動] *****************************************************
changed: [192.168.0.3]

TASK [wordpress のダウンロード] ********************************************
changed: [192.168.0.3]
```

```
TASK [wordpress の展開] *******************************************
changed: [192.168.0.3]

TASK [wordpress の所有権を apache に変更] ****************************
changed: [192.168.0.3]

TASK [http サービスの再起動] *****************************************
changed: [192.168.0.3]

PLAY RECAP *******************************************************
192.168.0.3                : ok=14   changed=13   unreachable=0   failed=0
```

Playbook の正常動作を確認後、「http://192.168.0.3/wordpress」にアクセスし、「WordPress へようこそ。」のページを確認します。ページが正しく表示され、MySQL で設定したデータベース名、ユーザー名などを入力することで WordPress が利用可能となります。

以上により、WordPress 環境を構築する Playbook（wordpress.yml）が完成しました。これで WordPress 自体は動作するようになりましたが、yum インストールやサービスの起動／再起動の部分などは集約が可能です。実行結果は同じですが、冗長性を減らし可読性を高めることで、より使いやすい Playbook となります。リスト 3.10 に、修正した Playbook の例を掲載します。

リスト 3.10: 完成版の Playbook wordpress.modify.yml

```
---
- name: wordpress 環境構築
  hosts: wordpress
  remote_user: user
  become: yes
  vars:
    wordpress_url: https://ja.wordpress.org/wordpress-4.4.2-ja.tar.gz

  tasks:
  - name: 必要パッケージの yum インストール
    yum: name="{{item}}" state=latest
    with_items:
      - php
      - php-mysql
      - httpd
      - mariadb
      - mariadb-server
      - MySQL-python

  - name: firewalld で HTTP を許可
    firewalld: permanent=True service=http state=enabled immediate=true

  - name: wordpress のダウンロード
    get_url:
```

```
        url="{{ wordpress_url }}"
        dest=/tmp/wordpress.tar.gz

  - name: タイムゾーンの設定
    ini_file: >
      dest=/etc/php.ini
      section=Date
      option=date.timezone
      value='"Asia/Tokyo"'

  - name: wordpress の展開
    unarchive: src=/tmp/wordpress.tar.gz dest=/var/www/html/ copy=no

  - name: wordpress の所有権を apache に変更
    file: path=/var/www/html/wordpress/ owner=apache group=apache recurse=yes

  - name: 各種サービスの再起動
    service: name="{{item}}" state=started enabled=yes
    with_items:
      - mariadb
      - httpd
```

主な変更点は、yumによるインストール部分の集約と、serviceの起動部分の集約となります。その他、phpinfoページの作成を省略しています。これ以外にも、serviceの起動をhandlerに任せることなどの変更も可能です。詳しくは、公式サイトのドキュメント「Intro to Playbooks - Ansible Documentation」[*2]をご参照ください。

3.3 次の章でやること

この章ではWordPress環境の構築を題材にしながら、Ansible Playbookの作成の基本となる、変数の扱いや頻出のモジュールについて紹介しました。

次の章からは「Ansible応用編」と題して、複数ホストや複数アプリケーションを扱う場合の書き方やTipsについてご紹介します。

[*2] http://docs.ansible.com/ansible/playbooks_intro.html

第III部

Ansible応用編

第4章 より実践的なPlaybookを作り上げる

　第 4 章からは「Ansible 応用編」と題して、Ansible の応用的な使い方や Tips について詳しく解説します。前の章では Ansible を利用して、1 台のサーバー内に LAMP 環境を準備して、WordPress を構築しました。Ansible が身についてきた後には、どのように Playbook を管理すれば良いのかという課題や疑問が出てきます。ここでは Ansible のベストプラクティスをご紹介した上で、WordPress の Playbook を整理します。

4.1　環境の変更点と構築のための振り返り

　前章までに利用した環境のうち、Ansible 実行サーバーのみを再利用して、操作対象のサーバーは新規に作り直します。

実行サーバー	CentOS 7.2 Ansible 2.0
Web 兼 AP サーバー	CentOS 7.2
DB サーバー	CentOS 7.2

4.2　WordPress構築に必要な処理

　前章を振り返って、WordPress の構築に必要な処理を確認してみましょう。

第 4 章　より実践的な Playbook を作り上げる

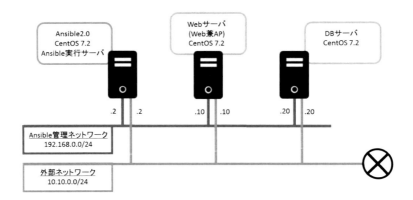

図 4.1　今回作成する環境の概要

必要な処理	具体的な手順
Apache の導入	yum による httpd のインストール firewalld の設定 httpd サービスの起動
PHP の導入	yum による PHP のインストール タイムゾーンの設定 テストページの作成 httpd サービスの再起動
MySQL の導入	yum による MySQL のインストール MySQL サービスの起動
WordPress の導入	WordPress のダウンロード WordPress の展開 WordPress の所有権の変更 httpd サービスの再起動

今回はこれらの手順を見直し、サーバーの役割ごとに実行される Playbook をコントロールします。

対象サーバー	必要な処理
Web サーバー (Web 兼 AP サーバー)	Apache の導入 PHP の導入 WordPress の導入
データベースサーバー	MySQL の導入

4.3 Ansible Best Practiceに入る前に

前章までの学習内容をベースとして実際にPlaybookを記述し始めると、構成が複雑化するにつれ可読性が下がり、再利用性も悪化することに気付くかと思います。こうした課題を解決するために、AnsibleではPlaybookの管理方法をベストプラクティスとして紹介しています。この章では、前章までに作成したPlaybookをこのベストプラクティスに沿って再構成します。これにより可読性や再利用性を向上させることで、さらに実践的なPlaybookにしていきます。

4.4 Ansible Best Practice

作業の開始にあたってAnsible Best Practice[1]を確認しましょう。

Ansible Best Practiceでは、Rolesを使ってPlaybookを分割する方法が書かれています。よく利用する項目について確認していきます。

Inventory file

Inventory fileとはAnsibleが複数のサーバーに対して処理を行う際に利用するファイルで、対象となるサーバーのIPアドレスやホスト名を列挙します。Ansible Best Practiceの例ではproductionとstagingの2ファイルが挙げられています。列挙する際に、[webservers]といった形でサーバーをグルーピングすることができます。このグルーピングを用いることで、複数サーバーをまとめることができ、グループ内のサーバーに対して同一のPlaybookを実行することができます。また、本番環境とステージング環境といったように複数環境が存在する場合に、このInventory fileを使い分けることで、環境間のIPアドレス等の差異を吸収できます。

リスト4.1: Inventory fileの例

```
[webservers]
192.168.0.10

[dbservers]
192.168.0.20

[staging:children]
webservers
dbservers
```

---

[1] http://docs.ansible.com/ansible/playbooks_best_practices.html

Vars file

　Vars file（group_vars、host_vars）[*2]では、特定のグループやホストに対する変数の値を定義できます。ここでいう変数とは、環境によって変化するものを示します。例えば、利用するライブラリのバージョンや、ファイルのパス、連携するサーバーのIPアドレス等が相当します。一方、処理手順のように変化しないものに関しては、Playbookに記述します。これにより、再利用性の高いPlaybookの作成が可能となります。

Roles

　Rolesは、サーバーの役割ごとにPlaybookを独立させるために用いられます。具体的な処理（Playbook）はtasks内のmain.ymlなどに記述します。しかし、サーバーの「役割ごとに分割」といっても「Webサーバー」「DBサーバー」のような分け方は、再利用性の観点からおすすめできません。

　例えば今回作成するWordPressが稼働するサーバーの導入は、大きく分けて以下の3つの手順で構成されています。

- Apacheの導入
- PHPの導入
- WordPressの導入

　作成したPlaybookを別のアプリケーションでも活用することを考えた場合に、一つのファイルにすべて記述すると再利用性が下がってしまいます。これを役割ごとに分割して記述することで、例えばWebサーバーにApacheではなくnginxを採用する場合でも、WordPress、PHPの部分はそのまま再利用可能となります。その結果、新規に書く必要があるのはnginx導入の部分のみとなります。

　この分割方法の指針は、分割単位が大きすぎると詰め込みすぎで良く分からないRoleになり、小さすぎると見通しが悪くなります。ミドルウェアや独立したアプリケーション単位で、再利用しやすい粒度の分割を心がけるのが良いでしょう。

[*2] varsはPlaybookの中に書くことも可能ですが、Ansible Best Practiceでは変数専用のファイルに外出しすることを勧めています。

4.5 Top LevelのPlaybook

先ほど「Roleは役割を意識して分割しましょう」と書きました。分割した際に課題となってくるのは、分割したRoleをそれぞれどのサーバーに対して適用するかです。WordPressサーバーを構築するためには3つのRoleを適用する必要があります。その管理をするのが、Top LevelのPlaybookとなります。Ansible Best Practiceでは、下記の3点の例が挙げられています（ファイル名は一例であり、分割対象の役割や用途によって変更します）。

- webservers.yml
- dbservers.yml
- site.yml

これらのファイルには、使用するPlaybookをRole単位で指定します。ここで構築するwebserverには、3つのRoleが必要となるため、webservers.ymlは下記のようになります。

リスト4.2: webservers.yml

```
- name: deploy webservers
  hosts: webservers
  become: yes
  roles:
    - common
    - httpd
    - php
    - wordpress
```

また、dbservers.ymlは下記のようになります。

リスト4.3: dbservers.yml

```
- name: deploy dbservers
  hosts: dbservers
  become: yes
  roles:
    - common
    - mysql
```

site.ymlは、システム全体でどのPlaybookを利用するかを制御します。この章で扱うWordPressが稼働するシステムであれば、webserversとdbserversでの構築を前提とするため、下記のようになります。

リスト 4.4: site.yml

```
- include: webservers.yml
- include: dbservers.yml
```

4.6　今回作成するPlaybookの概要

これまでの内容を踏まえて、WebサーバーとDBサーバーからなる2台構成のPlaybookを作成していきます。site.ymlを親Playbookとして、子のwebserver.yml、dbserver.ymlのPlaybookを読み込む形式にします。図4.2のように、webserver.ymlとdbserver.ymlからRoleを呼び出すことで、実際のTaskを処理します。

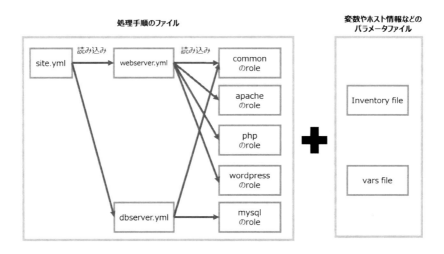

図 4.2　Playbookの構成

4.7　実際のディレクトリ構造

ディレクトリとファイルの構造は、以下のようになります。ファイルが入っていないディレクトリは、今回は利用していませんが、Ansible Best Practiceに記載されているものです。今後の追加開発等で利用する可能性があるため、あらかじめ作成しておきます。

4.7 実際のディレクトリ構造

リスト 4.5: ディレクトリ構造

```
.
│   dbservers.yml
│   site.yml
│   staging
│   webservers.yml
│
├─ group_vars
│       staging
│
└─ roles
    ├─ common
    │   ├─ handlers
    │   ├─ tasks
    │   │       main.yml
    │   │
    │   ├─ templates
    │   └─ vars
    ├─ httpd
    │   ├─ handlers
    │   ├─ tasks
    │   │       main.yml
    │   │
    │   ├─ templates
    │   └─ vars
    ├─ mysql
    │   ├─ handlers
    │   ├─ tasks
    │   │       main.yml
    │   │
    │   ├─ templates
    │   └─ vars
    ├─ php
    │   ├─ files
    │   │       phpinfo.php
    │   │
    │   ├─ handlers
    │   ├─ tasks
    │   │       main.yml
    │   │
    │   ├─ templates
    │   └─ vars
    └─ wordpress
        ├─ handlers
        ├─ tasks
        │       main.yml
        │
        ├─ templates
        └─ vars
```

4.8 Playbookの作成

WordPressを構築するためのPlaybookについて、必要なファイルを一つずつ紹介します。

Playbookを管理するためのファイル

先ほど紹介したinventory fileや、vars fileなどを組み合わせて、タスクを管理するためのファイルとなります。

staging（inventory file）

stagingは、前述したinventory fileとなります。ここでは[webservers]と[dbservers]の2つのグループを使うことで、サーバーごとの役割を分類しています。ファイル下部の[staging:children]により、staging環境に[webservers]と[dbservers]を所属させます。この記述により、後述のgroup_vars内のstagingというファイルと連携させることが可能となります。

リスト4.6: staging

```
[webservers]
192.168.0.10

[dbservers]
192.168.0.20

[staging:children]
webservers
dbservers
```

group_vars/staging

staging環境用の変数を、このファイルに記述します。WordPressの構築にあたり下記4項目について、変数として外出しをしています。これによりPlaybookに手を加えることなく、WordPressをダウンロードするURLや、データベース（MySQL）のユーザー情報を変更することができます。

- wordpress_url
- db_name
- db_user
- db_password

4.8 Playbook の作成

以下の例では、WordPress は 4.4.2 を利用し、データベースの各種パラメータを「wordpress」としています。

リスト 4.7: group_vars/staging

```
wordpress_url: https://ja.wordpress.org/wordpress-4.4.2-ja.tar.gz
db_name: wordpress
db_user: wordpress
db_password: wordpress
```

site.yml

Top Level の Playbook である site.yml は、例と同様に webservers.yml と dbservers.yml を読みこむ形としています。

リスト 4.8: site.yml

```
- include: webservers.yml
- include: dbservers.yml
```

webservers.yml

webservers.yml では、下記 4 つの Role を読み込みます。この中で common Role は dbservers でも利用しており、本環境内で共通となる設定を記述しています。

- common
- httpd
- php
- wordpress

リスト 4.9: webservers.yml

```
- name: deploy webservers
  hosts: webservers//}
  become: yes
  roles:.. literalinclude:: ./code/webservers.yml
    - common   :language: python
    - httpd    :linenos:
    - php
    - wordpress
```

dbservers.yml

dbservers.yml では、下記 2 つの Role を読み込みます。

- common
- mysql

リスト 4.10: dbservers.yml

```
- name: deploy dbservers
  hosts: dbservers
  become: yes
  roles:
    - common
    - mysql
```

Role の内容

ここからは、具体的な処理手順を見ていきます。これまでご紹介した site.yml、webservers.yml、dbservers.yml から呼び出される各ファイルを見ていきましょう。なお各ファイルの内容については、第 2 章、第 3 章の説明も合わせてご覧ください。

roles/common/tasks/main.yml

common role は、Ansible で構築されるサーバーの共通の設定を入れるための Role です。本環境では、webservers と dbservers の共通設定を記述しています。

リスト 4.11: roles/common/tasks/main.yml

```
- name: SELinux の無効化
  selinux:
    policy: targeted
    state: disabled

- name: firewalld のインストール
  yum: name=firewalld state=present

- name: firewalld の有効化
  service: name=firewalld state=started enabled=yes
```

roles/httpd/tasks/main.yml

リスト 4.12: roles/httpd/tasks/main.yml

```
- name: apache (httpd) のインストール
  yum: name=httpd state=latest

- name: firewalld で HTTP を許可
  firewalld: permanent=True service=http state=enabled immediate=true
```

```
- name: サービスの起動
  service: name=httpd state=started enabled=yes
```

roles/php/tasks/main.yml

リスト 4.13: roles/php/tasks/main.yml

```
- name: PHP のインストール
  yum: name="{{item}}" state=latest
  with_items:
    - php
    - php-mysql

- name: タイムゾーンの設定
  ini_file: >
    dest=/etc/php.ini
    section=Date
    option=date.timezone
    value='"Asia/Tokyo"'

- name: php テストページの作成
  copy: src=phpinfo.php dest=/var/www/html/phpinfo.php

- name: http サービスの再起動
  service: name=httpd state=restarted enabled=yes
```

roles/wordpress/tasks/main.yml

ここでは、前述の group_vars/staging に記載した wordpress_url の値を利用しています。

リスト 4.14: roles/wordpress/tasks/main.yml

```
- name: wordpress のダウンロード
  get_url:
    url="{{ wordpress_url }}"
    dest=/tmp/wordpress.tar.gz

- name: wordpress の展開
  unarchive: src=/tmp/wordpress.tar.gz dest=/var/www/html/ copy=no

- name: wordpress の所有権を apache に変更
  file: path=/var/www/html/wordpress/ owner=apache group=apache recurse=yes

- name: http サービスの再起動
  service: name=httpd state=restarted
```

roles/mysql/tasks/main.yml

第 2 章と第 3 章では MySQL のデータベースを手動で作成しましたが、今回は Ansible の

mysql モジュールを利用して、データベースとユーザーの作成を行っています。

リスト 4.15: roles/mysql/tasks/main.yml

```yaml
- name: mariadb (mysql) のインストール
  yum: name="{{item}}" state=latest
  with_items:
    - mariadb
    - mariadb-server
    - MySQL-python

- name: mariadb サービスの起動
  service: name=mariadb state=started enabled=yes

- name: firewalld で mariadb (mysql) を許可
  firewalld: permanent=True service=mysql state=enabled immediate=true

- name: データベースの作成
  mysql_db: name={{ db_name }} state=present encoding=utf8

- name: DB ユーザーの作成
  mysql_user: >
    name={{ db_user }}
    password={{ db_password }}
    priv={{ db_name }}.*:ALL
    host="%"
    state=present
```

4.9 実行結果

今回作成した Playbook の実行方法及び、実行結果は以下のようになります。

リスト 4.16: Playbook の実行結果

```
$ ansible-playbook -i staging site.yml

PLAY [deploy webservers] *************************************************

GATHERING FACTS **********************************************************
ok: [192.168.0.10]

TASK: [common | SELinux の無効化] ****************************************
ok: [192.168.0.10]

TASK: [common | Firewalld のインストール] ********************************
ok: [192.168.0.10]

TASK: [common | Firewalld の有効化] **************************************
ok: [192.168.0.10]

TASK: [httpd | apache(httpd) のインストール] *****************************
```

```
changed: [192.168.0.10]

TASK: [httpd | firewalld で HTTP を許可] ********************************
changed: [192.168.0.10]

TASK: [httpd | サービスの起動] ****************************************
changed: [192.168.0.10]

TASK: [php | PHP のインストール] ***************************************
changed: [192.168.0.10] => (item=php,php-mysql)

TASK: [php | タイムゾーンの設定] ****************************************
changed: [192.168.0.10]

TASK: [php | php テストページの作成] *************************************
changed: [192.168.0.10]

TASK: [php | http サービスの再起動] **************************************
changed: [192.168.0.10]

TASK: [wordpress | wordpress のダウンロード] *****************************
changed: [192.168.0.10]

TASK: [wordpress | wordpress の展開] ***********************************
changed: [192.168.0.10]

TASK: [wordpress | wordpress の所有権を apache に変更] *****************
changed: [192.168.0.10]

TASK: [wordpress | http サービスの再起動] ********************************
changed: [192.168.0.10]

PLAY [deploy dbservers] *********************************************************

GATHERING FACTS *****************************************************************
ok: [192.168.0.20]

TASK: [common | SELinux の無効化] **************************************
ok: [192.168.0.20]

TASK: [common | Firewalld のインストール] ********************************
ok: [192.168.0.20]

TASK: [common | Firewalld の有効化] *************************************
ok: [192.168.0.20]

TASK: [mysql | mariadb(mysql) のインストール] ****************************
changed: [192.168.0.20] => (item=mariadb,mariadb-server,MySQL-python)

TASK: [mysql | mariadb サービスの起動] **********************************
changed: [192.168.0.20]

TASK: [mysql | firewalld で mariadb(mysql) を許可] *************************
```

第 4 章　より実践的な Playbook を作り上げる

```
changed: [192.168.0.20]

TASK: [mysql | データベースの作成] **********************************
changed: [192.168.0.20]

TASK: [mysql | DB ユーザーの作成] **********************************
changed: [192.168.0.20]

PLAY RECAP *********************************************************
192.168.0.10                : ok=15    changed=11   unreachable=0    failed=0
192.168.0.20                : ok=9     changed=5    unreachable=0    failed=0
```

　実行後は、ブラウザで http://10.10.0.10/wordpress にアクセスすることで、WordPress の最終インストール画面になります。これ以降は基本的に第 3 章と同じ作業となりますが、今回の環境に合わせてデータベース関係の設定値を変更します。

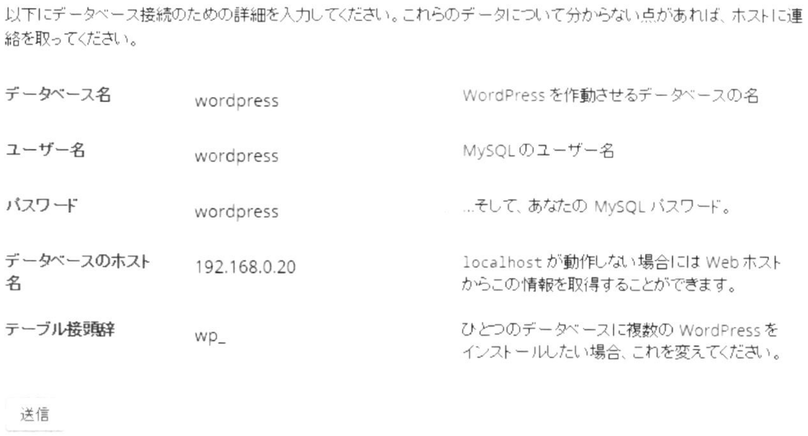

図 4.3　WordPress の最終インストール

4.10　まとめと次の章でやること

　この章では Ansible Best Practice に従い、第 2 章、第 3 章で作成した Playbook を改良しました。改良箇所は主に以下の 2 点となります。

- Roles 機能を活用した Playbook の分割
- Inventory file による管理対象の指定

Roles 機能を使うことで、Playbook を役割単位に分割し管理できるようになりました。各々の Playbook を疎結合に作成することが可能となります。これにより、Playbook の可読性や再利用性が向上し、複数メンバーによる開発も効率的に行えるようになりました。

Inventory file を使用することで、管理対象を環境によって切り替えたり、グループ化して複数対象に同じ処理を実行させられたりできるようになりました。

このような改良によって、Playbook の管理性を向上させられることを理解いただけたかと思います。

次章では、実環境で使う際に出てくる Tips をご紹介します。

第5章 さらにPlaybookをきわめる

　前章では、Ansibleのベストプラクティスに沿ってPlaybookを再整理する方法を紹介しました。この章では、Ansibleの持つ各種機能を活かしたPlaybookの効率的な記述方法や、つまずきやすいポイントの回避方法を紹介します。

5.1　Playbookを効率的に書く

同種の処理をまとめる

　同じ処理を何度も実行する際には、Loop構文を使うことで処理をまとめて記述できます。処理をまとめることで記述を簡潔にし、Playbookのメンテナンス性を高めることができます。

基本的なLoop構文

　基本的なLoopの記述方法は、以下のようになります。「with_items」アトリビュートに、YAML記法のシーケンス（配列に相当）形式で定義しておくと、実行時に各要素が順次展開され実行されます。

リスト5.1: Loopの記述例

```
- name: echo tasks
  command: echo "{{ item }}"
  with_items:
    - foo
    - bar
    - baz
```

　また、yumモジュールやaptモジュールは、「with_items」アトリビュートで指定した複数

パッケージを 1 トランザクションにまとめて適用するため、処理の高速化にも寄与します。

さらに、以下のように YAML 記法のマッピング（ハッシュや連想配列に相当）として定義し、各要素にアクセスすることも可能です。

リスト 5.2: マッピングとして定義した要素へのアクセス

```
- name: add user
  user: name={{ item.name }} groups={{ item.groups }}
  with_items:
    - { name: 'user1', groups: 'wheel' }
    - { name: 'user2', groups: 'root' }
```

以下のように、変数を用いて処理することも可能です。

リスト 5.3: 変数を用いたアクセス

```
- hosts: all

  vars:
    users:
      satoh:
        directory: /home/satoh
        shell: /bin/bash
        groups: developers
      tanaka:
        directory: /home/tanaka
        shell: /bin/zsh
        groups: developers
  become: yes
  tasks:
  - name: "user add"
    user: name={{ item.key }} shell={{ item.value.shell }} groups={{item.value.groups}}
    with_dict: "{{ users }}"
```

コマンド結果を使った Loop 構文

以下のようにコマンドの実行結果を元に Loop 処理を行うことで、動的なリストに対して処理を行うことも可能です。例示した Playbook は、「/opt 以下にある拡張子が『.dat』のファイルのパーミッションをすべて『600』の状態にする」ものです。「.dat」ファイルが増減した場合にも、状態が管理され続ける動的な Playbook となっています。

リスト 5.4: 動的な処理の実例

```
- hosts: all

  tasks:
  - name: Assign command output as variable
    shell: find /opt -type f -name "*.dat"
```

```
    register: command_result

- name: Change permission each "*.dat" files
  file: path={{ item }} mode=600
  with_items: "{{ command_result.stdout_lines }}"
```

ここで挙げた以外にも、Ansibleでは様々なLoop処理の記述が可能です。その他のLoop構文に関してはAnsible公式ドキュメントの「Loops - Ansible Documentation」[*1]の項を参照ください。

条件に応じて処理を切り替える

様々な条件に応じて処理を切り替えることで、より複雑な処理を記述できるようになります。

変数による条件分岐

管理対象の状態や変数の内容を条件に、次に実行するタスクを制御する際には、「when」アトリビュートを利用します。以下の例は、管理対象がCentOSの場合はyumを、Debianの場合はaptを使ってパッケージ管理を行う例です。

リスト5.5: 変数による分岐の例

```
- hosts: all

  tasks:
  - name: install package by yum
    yum: name=vim state=latest
    when: ansible_os_family == 'CentOS'

  - name: install package by apt
    apt: name=vim state=latest
    when: ansible_os_family == 'Debian'
```

コマンド結果による条件分岐

「変数による条件分岐」の応用として、コマンドの実行結果を条件に、その結果に応じて次に実行するタスクを制御することができます。

以下の例では最初のコマンド実行が成功すると「success」かつ「changed」の結果となり、実行に失敗すると「failed」の結果に遷移します。また遷移しないステータスは「skipped」としてパスされます。ステータス以外にも、標準出力の結果を条件とすることも可能です。

[*1] http://docs.ansible.com/ansible/playbooks_loops.html

リスト 5.6: コマンド結果による分岐の例

```
- hosts: all

  tasks:
  - name: exec command
    command: /bin/true
    register: result
    ignore_errors: True

  - name: exec success
    debug: msg="echo success"
    when: result|success

  - name: exec changed
    debug: msg="echo changed"
    when: result|changed

  - name: exec skipped
    debug: msg="echo skipped"
    when: result|skipped

  - name: exec failed
    debug: msg="echo failed"
    when: result|failed
```

Task の終了状態による条件分岐

Task の結果が「Changed」になることを条件として、実行される後処理を入れたい場合には、以下の例のように「notify」と「handler」を組み合わせて記述します。

Task が「Changed」で終了すると、一連の Playbook の最後に notify で指定した名前の Task が実行されます。その際、同じ handler タスクが複数回呼ばれたとしても、すべてまとめて 1 度だけ実行されます。例えば、設定反映のための再起動を notify で指定した Task が複数回実行されても、実際に再起動が行われるのは 1 度だけ、という制御が可能になります。

また Playbook が途中で終了した場合、デフォルトでは handler タスクは実行されませんが、

- コマンドに「- -force-handlers」オプションをつけて実行
- Playbook 内で、「force_handlers: True」と指定
- ansible.cfg 設定ファイル内で「force_handlers = True」と設定

上記いずれかを実施しておくと、Playbook が途中で異常終了しても、その時点までに notify で指定を受けた handler タスクだけは、最後に実行できます。

リスト 5.7: Task の終了状態による分岐の例

```
- hosts: all

  tasks:
  - name: exec command(always change)
    command: /bin/true
    notify: handler

  handlers:
  - name: handler
    debug: msg="handler"
```

グルーピングした処理の終了状態による条件分岐

　Block 構文を使うことで、個別の Task をひとまとめのグループとして扱うことができます。グループ化した Task 内のいずれかでエラーが発生した場合に実行される処理を「rescue」内に、Block 内 Task の成否に関わらず常に実行される後処理を「always」内に記述することができます。

リスト 5.8: Block 構文の使用例

```
- hosts: all

  tasks:
  - block:
    - name: install tomcat7
      yum: pkg={{ item }} state=installed
      with_items:
        - java-1.7.0-openjdk
        - tomcat7

    - name: configure tomcat settings
      template: src=tomcat7.conf.j2 dest=/etc/tomcat7/tomcat7.conf

    - name: start tomcat7
      service: name=tomcat7 state=started enabled=yes

    rescue:
      - name: exec when error happened in block.
        debug: msg="error happened."

    always:
      - name: exec always.
        debug: msg="always execute."
```

管理対象を効率的に管理する

　管理対象の増加や改廃などによって、inventory file の見通しが悪くなり、管理性が低下しま

す。inventory file も以下のようにすることで記述を簡潔にし、管理性を高めることが可能となります。

ルールに基づいた管理

IP アドレスやホスト名が英数字の連番で構成されている場合には、以下のように [begin:end:step] の書式でまとめて記述することが可能です。「begin」には開始の数字又は英字を、「end」には終了を、そして「step」にはカウントアップの単位を指定します。「step」は省略可能で、その場合は 1 ずつカウントアップされることになります。

リスト 5.9: ルールによる管理の例

```
[webservers]
web-[1-9:1]
[apservers]
app-[01:99:1] 192.168.[0:4:1].[1:30:1]
[dbservers]
db-[a-Z:1]
```

外部ソースに基づいた管理

管理対照の情報を外部で管理している場合、Dynamic Inventory 機能を利用することで外部ソースの情報を元にした動的な inventory 情報を利用できます。

以下は、OpenStack をデータソースにした Dynamic Inventory の例です。まず必要なソフトウェアの導入と管理対象の設定を行います。今回は管理対象に Tag を振ることで、Playbook の適用先を特定する環境を想定します。

まず、必要なソフトウェアの導入と事前準備を行います。

リスト 5.10: 外部ソースによる管理の例（準備）

```
# 環境準備
$ sudo yum install -y python-pip python-devel gcc
$ sudo pip install os_client_config shade
$ curl -O https://raw.githubusercontent.com/ansible/ansible/devel/contrib/inventory/openstack.py
$ chmod +x openstack.py

# Tag の付与
#  (実際にはインスタンス作成時や Heat Template 等に自動で Tag が振られるようにしておきます)

$ openstack server list -c ID -c Name -c Properties --long
+--------------------------------------+------------------+------------+
| ID                                   | Name             | Properties |
+--------------------------------------+------------------+------------+
| 949639ae-4ab0-447d-b559-f484040353b8 | db-instance-01   |            |
```

```
| f17af9bf-50cf-4243-b2c1-150024d2be3b | web-instance-01     |            |
| 435f8643-d0ff-4708-b5e7-6c0c9b0bfb85 | app-instance-01     |            |
| 1fbf91a4-b9a9-42d5-a350-231509058e81 | bastion-instance-01 |            |
+--------------------------------------+---------------------+------------+

$ openstack server set --property tags=db 949639ae-4ab0-447d-b559-f484040353b8
$ openstack server set --property tags=web f17af9bf-50cf-4243-b2c1-150024d2be3b
$ openstack server set --property tags=app 435f8643-d0ff-4708-b5e7-6c0c9b0bfb85
$ openstack server set --property tags=app 1fbf91a4-b9a9-42d5-a350-231509058e81

$ openstack server list -c ID -c Name -c Properties --long
+--------------------------------------+-----------------+----------------+
| ID                                   | Name            | Properties     |
+--------------------------------------+-----------------+----------------+
| 949639ae-4ab0-447d-b559-f484040353b8 | db-instance-01  | tags='db'      |
| f17af9bf-50cf-4243-b2c1-150024d2be3b | web-instance-01 | tags='web'     |
| 435f8643-d0ff-4708-b5e7-6c0c9b0bfb85 | app-instance-01 | tags='app'     |
| 1fbf91a4-b9a9-42d5-a350-231509058e81 | app-instance-02 | tags='app'     |
+--------------------------------------+-----------------+----------------+
```

ソフトウェアの導入結果は、以下のコマンドで確認します。

リスト 5.11: 実効結果の確認

```
$ ./openstack.py --list
```

準備が整ったら、以下のように実行します。

リスト 5.12: 外部ソースによる管理の実行例

```
# 全体に実行する場合
$ ansible -i openstack.py all -m ping
# tags=app の対象にのみ実行する場合
$ ansible -i openstack.py meta-tags_app -m ping
```

今回例示した OpenStack 以外にも、AWS や Cobbler に対応した Dynamic Inventory 用スクリプトも公開されています。詳細は Ansible 公式ドキュメントの「Dynamic Inventory - Ansible Documentation」[2]の項を参照してください。また必要に応じて独自に作成することで、対応データソースの拡充も可能です。

このように、Dynamic Inventory 機能を利用することで、管理対象の情報を多重管理する必要がなくなりますし、管理対象の頻繁な改廃にも容易に対応可能となります。

---

[2] http://docs.ansible.com/ansible/intro_dynamic_inventory.html

5.2 デバッグを効率的に行う

Playbook 実行前のチェック

事前に各種チェックを行うことで、Playbook を実行する前に不具合に気付けるようになります。

構文チェック

ansible コマンドに「--syntax-check」オプションをつけて以下のように実行すると、Playbook の構文をチェックできます（チェックのみで、Playbook の実行はされません）。Playbook を新規作成した際や修正を行った際には、必ずチェックすることをお勧めします。

リスト 5.13: Playbook の構文をチェックするオプション
```
ansible-playbook -i <hosts> <playbook.yml> --syntax-check
```

Task 一覧のチェック

ansible コマンドに「--list-tasks」オプションをつけて以下のように実行すると、実行される Task と Tag の一覧が表示されます。事前に Task 一覧を確認し、想定する Task がリストアップされているか、想定外の Task が実行されることがないか、あらかじめ確認しておきます。

リスト 5.14: Task 一覧を確認するオプション
```
ansible-playbook -i <hosts> <playbook.yml> --list-tasks
```

実行時影響のチェック（Dry Run）

ansible コマンドに「--check」オプションをつけて以下のように実行すると、対象への変更は行わずに、Playbook を適用した結果起きる変化を確認できます。

さらに併せて「--diff」オプションも指定すると、テンプレートによってリモートファイルにどのような変更が行われるかも事前に確認できるようになります。

ただし、コマンドは実際には実行されませんので、対象の状態変化を前提にした後続タスクや、結果を変数に格納しての処理は正常に実施されない点には注意が必要です。

リスト 5.15: Playbook を適用した結果を確認するオプション

```
ansible-playbook -i <hosts> <playbook.yml> --check --diff
```

Playbook 実行中のチェックを行う

debug モジュールを使ったチェック

debug モジュールを使うことで、以下のように Playbook 中で任意のメッセージを表示したり、変数に代入された値を確認したりできます。

リスト 5.16: debug モジュール

```
- hosts: all

  tasks:
    - name: exec uptime
      command: /usr/bin/uptime
      register: result

    - debug: var=result

    - debug: msg="debug message"
```

上記の Playbook を実行すると以下のように結果が表示され、変数に代入された値が確認できます。

リスト 5.17: debug モジュールの使用例

```
PLAY [all] ****************************************************************

TASK [exec uptime] ********************************************************
changed: [127.0.0.1]

TASK [debug] **************************************************************
ok: [127.0.0.1] => {
    "result": {
        "changed": true, "cmd": [
            "/usr/bin/uptime"
        ],
        "delta": "0:00:00.001574",
        "end": "2016-06-07 06:56:29.955837",
        "rc": 0,
        "start": "2016-06-07 06:56:29.954263",
        "stderr": "",
        "stdout": " 06:56:29 up 5 days, 4:45, 1 user, load average: 0.00, 0.01, 0.05",
        "stdout_lines": [
            " 06:56:29 up 5 days, 4:45, 1 user, load average: 0.00, 0.01, 0.05"
        ],
        "warnings": []
```

```
        }
}

TASK [debug] ********************************************************
ok: [127.0.0.1] => {
    "msg": "debug message"
}

PLAY RECAP **********************************************************
127.0.0.1        : ok=3   changed=1    unreachable=0    failed=0"
```

verbose モードを使ったチェック

　Playbook 実行時に「-v」オプションをつけることで、管理対象の状態や Playbook の実行状況をより詳細に確認することができます。さらに「-vvv」オプションをつけると、より詳細に SSH 接続の状況なども確認できるようになります。

リスト 5.18:　「-v」オプションをつけた実行例

```
PLAY [all] **********************************************************

TASK [exec uptime] **************************************************
changed: [127.0.0.1] => {"changed": true, "cmd": ["/usr/bin/uptime"], "delta":
"0:00:00.001550", "end":

TASK [debug] ********************************************************
ok: [127.0.0.1] => {
    "result": {
        "changed": true, "cmd": [
            "/usr/bin/uptime"
        ],
        "delta": "0:00:00.001550",
        "end": "2016-06-07 07:04:14.418680",
        "rc": 0,
        "start": "2016-06-07 07:04:14.417130",
        "stderr": "",
        "stdout": " 07:04:14 up 5 days, 4:52, 1 user, load average: 0.00, 0.01,
0.05",
        "stdout_lines": [
            " 07:04:14 up 5 days, 4:52, 1 user, load average: 0.00, 0.01, 0.05"
        ],
        "warnings": []
    }
}

TASK [debug] ********************************************************
ok: [127.0.0.1] => {
    "msg": "debug message"
}
```

5.2 デバッグを効率的に行う

```
PLAY RECAP *********************************************************
127.0.0.1              : ok=3    changed=1    unreachable=0    failed=0
```

リスト 5.19: 「-vvv」オプションをつけた実行例

```
PLAYBOOK: debug_module.yml *****************************************
1 plays in debug_module.yml

PLAY [all] *********************************************************

TASK [exec uptime] *************************************************
task path: /home/centos/debug_module.yml:4
<127.0.0.1> ESTABLISH SSH CONNECTION FOR USER: None
<127.0.0.1> SSH: EXEC ssh -C -q -o ControlMaster=auto -o ControlPersist=3600s - o
StrictHostKeyChecking changed: [127.0.0.1] => {"changed": true, "cmd":
["/usr/bin/uptime"], "delta": "0:00:00.001628", "end":

TASK [debug] *******************************************************
task path: /home/centos/debug_module.yml:8
ok: [127.0.0.1] => {
    "result": {
        "changed": true, "cmd": [
            "/usr/bin/uptime"
        ],
        "delta": "0:00:00.001628",
        "end": "2016-06-07 07:05:57.062392",
        "rc": 0,
        "start": "2016-06-07 07:05:57.060764",
        "stderr": "",
        "stdout": " 07:05:57 up 5 days, 4:54, 1 user, load average: 0.00, 0.01, 0.05"
        "stdout_lines": [
            " 07:05:57 up 5 days, 4:54, 1 user, load average: 0.00, 0.01, 0.05"
        ],
        "warnings": []
    }
}

TASK [debug] *******************************************************
task path: /home/centos/debug_module.yml:10
ok: [127.0.0.1] => {
    "msg": "debug message"
}

PLAY RECAP *********************************************************
127.0.0.1              : ok=3    changed=1    unreachable=0    failed=0"
```

指定タスクの実行

　ある Task の実行を試したいときには、「--tags」オプションを使い下記のように実行することで、特定の tag のついたタスクのみの実行が可能です。

リスト 5.20: 特定の Task のみを指定して実行

```
ansible-playbook -i <hosts> <playbook.yml> --tags <tag_name>
```

tag は以下のように各タスクや、Block に対して「tags」アトリビュートを使い任意の数だけ設定することができます。

リスト 5.21: 複数の Task も設定可能

```
- hosts: all

  tasks:
  - block:
    - name: install tomcat7
      yum: pkg={{ item }} state=installed
      with_items:
        - java-1.7.0-openjdk
        - tomcat7
      tags:
        - setup

    - name: configure tomcat settings
      template: src=tomcat7.conf.j2 dest=/etc/tomcat7/tomcat7.conf
      tags:
        - configure

    - name: start tomcat7
      service: name=tomcat7 state=started enabled=yes
      tags:
        - setup
    tags:
      - tomcat

    rescue:
      - name: exec when error happened in block.
        debug: msg="error happened."

    always:
      - name: exec always.
        debug: msg="always execute."
```

指定タスク以降の実行

Playbook 実行中のある特定 Task の処理が失敗した場合には、「--start-at」オプションを使って指定した Task 以降のすべてを再実行できます。

リスト 5.22: あるタスク以降を再実行するオプション

```
ansible-playbook -i <hosts> <playbook.yml> --start-at '<task_name>'
```

もし、一連のタスク内の一部だけをピックアップして実行したい場合には「--step」オプションも併せて実行し、不要なタスクはスキップさせるという使い方も可能です。

5.3 その他のTips

プロキシ経由でのネットワーク接続を行う

実行環境によっては、インターネットアクセスのためにプロキシの設定が必要な場合があります。Ansibleでは「environment」アトリビュートで環境変数が指定できるため、下記の例のようにすることでプロキシの設定ができます。

環境によってプロキシ設定の有無を使い分けたい場合は、proxy_env に空白を指定しておけばプロキシ設定なしで接続されます。

リスト 5.23: プロキシを経由したネットワーク接続

```
- hosts: all

  vars:
    proxy_env:
      http_proxy: http://proxy.example.com:8080
      https_proxy: https://proxy.example.com:8080

  tasks:
    - yum: name=httpd state=latest
      environment: "{{proxy_env}}"
```

一部タスクを別ホストで実行する

「delegate_to」アトリビュートを使うことで、指定したタスクを別ホスト上で実行できます。この機能は、一連の処理の中に特定ホストのみでしか実行できないTaskがある場合などに有効です。以下の例は、OpenStackのLBaaS（Load Balancer as a Service）配下のサーバーをアップデートするもので、OpenStackサーバーへの通信やコマンド実行が特定のホストでのみ可能なケースを想定し、次の手順を実行しています。

- LBの負荷分散グループから一部のサーバーを離脱
- Webサーバーのアップデート
- アップデート完了後負荷分散グループへ再度追加

第 5 章　さらに Playbook をきわめる

リスト 5.24: 一部タスクの分散実行

```
- hosts: webservers
  serial: "30%"

  vars:
    ops-cli-server: 10.0.0.1
    pool-name: "demo-pool01"
    protocol-port: 8080

  tasks:
  - name: take out of balancing pool
    command: neutron lb-member-delete {{ ansible_default_ipv4.address }}
delegate_to: {{ ops-cli-server }}

  - name: update server
    yum: name=* state=latest

  - name: add to balancing member
    command: neutron lb-member-create --address {{ ansible_default_ipv4.address }}
--protocol-port delegate_to: {{ ops-cli-server }}
```

　この例のように、負荷分散グループやクラスタ内の一部を順にアップデートしていく処理などの場合、一度に全台を更新するのではなく一部を順にアップデートすることで、サービスダウンを防ぎつつ処理を進められます。「serial」アトリビュートを指定することで同時に処理する台数や、割合を指定して実行することが可能となります。Task 実行先に自サーバーを指定する際は「local_action」アトリビュートで代替することも可能です。

　より詳しい情報を知りたい場合は Ansible 公式ドキュメント、「Delegation, Rolling Updates, and Local Actions - Ansible Documentation」[*3]の項を参照ください。

再起動からの復帰が完了するまで待機する

　変更処理のなかには、カーネルのアップデートなどのように、管理対象が再起動されるまで反映されないものがあります。後続のタスクが反映後の状態を前提とする場合には、管理対象の再起動を行ったうえで復帰を待ち、後続タスクを再開する必要があります。こうした場合には、以下の例のようにローカルモードと「wait_for」[*4]モジュールを組み合わせることで管理対象の復帰状況を定期的に確認し、管理対象の再起動を待って後続のタスクを継続させることが容易になります。

[*3]　http://docs.ansible.com/ansible/playbooks_delegation.html
[*4]　http://docs.ansible.com/ansible/wait_for_module.html

リスト 5.25: 再起動が必要な処理の実行例
```
- hosts: all
  tasks:
  - name: reboot server
    command: shutdown -r now
    become: true
    async: 0
    poll: 0

  - name: wait for shutdown
    local_action: |
      wait_for host={{ inventory_hostname }}
      state=stopped

  - name: wait for start
    local_action: |
      wait_for host={{ inventory_hostname }}
      state=started"
```

機密情報を暗号化する

　Playbook を書いていると、認証情報や API キーなど平文で保存したくない機密情報の扱いに困ることがあります。Ansible では「Vault」[*5]機能を使うことで、指定のファイルを暗号化し保存できます。ファイルを暗号化するには、以下のように ansible-vault コマンドを実行します。

リスト 5.26: 情報の暗号化
```
ansible-vault create secret.yml
Vault password:
Confirm Vault password:
Encryption successful
```

　このように暗号化しておくことで、機密情報も含めてソースコード管理システムで管理できるようになるといったメリットも得られます。

　暗号化したファイルを使うには、以下のように実行時にパスワードを入力します。

リスト 5.27: 暗号化したファイルを使用する
```
ansible-playbook -i hosts site.yml --ask-vault-pass ＜Vault パスワード＞
```

　また暗号化したファイルを再度編集するには、一度復号して修正したのち再度暗号化する必要があります。当然のことながら、暗号化するとどんな変数が定義されているのか復号するまで分からなくなります。Vault はファイル単位で暗号化するので、暗号化したい内容と暗号化不要な

---

*5 http://docs.ansible.com/ansible/playbooks_vault.html

第 5 章　さらに Playbook をきわめる

内容はファイルを分けて管理するのがお勧めです。

　前の章で紹介したベストプラクティスに則った構成をとると、inventory ファイルに対応したディレクトリ配下の全ファイルを vars ファイルとして読み込むため、以下のようにファイルを分けて配置しておけば、public_settings.yml は暗号化不要な内容を平文で記述し、private_settings.yml には機密情報を記述し暗号化するという使い分けができます。

- group_vars/<group_name>/public_settings.yml
- group_vars/<group_name>/private_settings.yml

実行を高速化する

　初期設定のまま Ansible を利用していると、Playbook の大規模化や管理対象の増加に伴い Playbook の実行にかかる時間も長くなってしまいます。Ansible では各種設定を工夫することで、処理時間を短縮することが可能です。

並列実行数の設定（forks）

　Ansible では、同じグループに対する処理を並列実行します。初期状態では 5 並列となっていますが、これを増やすことで並列度を増やすことができます。並列度の設定は、以下の箇所で指定可能です

- ANSIBLE_CONFIG（環境変数）
- ansible.cfg（カレントディレクトリ）
- .ansible.cfg（ホームディレクトリ）
- /etc/ansible/ansible.cfg
- 実行時のコマンド引数

　また、並列実行は同じグループ内にのみ適用される点には注意が必要です。例えばリスト 5.28 のような inventory ファイルを利用すると、webservers に対する処理が 3 並列で実行されたのち、dbservers に対する処理が 2 並列で実行されるという挙動になります。

リスト 5.28: 並列実行は同グループ内のみに適用される

```
[webservers]
192.168.0.10
192.168.0.11
192.168.0.12
[dbservers]
```

```
192.168.0.20
192.168.0.21
```

SSH 接続の高速化

Ansible では、SSH を利用してタスクごとに管理対象に接続し処理を行います。そのため、SSH 接続のオーバーヘッド低減は高速化に非常に有効です。

ControlMaster

OpenSSH は、最初に接続した 1 つのセッションを複数セッション間で共有できる「ControlMaster」という機能を持っています。この機能を使うことで 1 度確立されたセッションを再利用し、使いまわすことができます。Ansible ではタスク実行ごとに SSH 接続を行いますが、この機能を使うことでセッション確立のためのオーバーヘッドを低減し、Playbook 実行全体での処理時間を削減することができます。

この機能を使うには、ansible.cfg 設定ファイルの [ssh_connection] ディレクティブに、以下の設定を追加します。

リスト 5.29: ControlMaster 機能利用時の設定
```
ssh_args = -o ControlMaster=auto -o ControlPersist=3600s
```

ControlPersist には、セッションを維持し続ける時間を指定します。

Pipelining

Ansible では通常、「一時ディレクトリに各タスク用の実行スクリプトを生成し、それを管理対象へ sftp 又は scp で転送したのちに、再度 SSH 接続してそのスクリプトを実行する」という処理がタスクごとに行われています。

Pipelining を有効化すると、スクリプトファイルの転送処理は行わず、実行するスクリプトの内容を標準入力として SSH でリモート実行するようになります。こうすることで、SSH 接続処理とファイル転送処理の時間の分処理時間を削減できます。この機能を使うには、ansible.cfg 設定ファイルの [ssh_connection] ディレクティブに、以下の設定を追加して、有効化します。

第 5 章　さらに Playbook をきわめる

リスト 5.30: Pipelining 機能利用時の設定
```
pipelining = True
```

Gathering facts の省略

　Ansible では、Playbook 実行前にまずは管理対象の情報を収集しています。これを Gathering facts 処理と呼びますが、ここにも時間がかかっています。

　もし収集した情報が不要であれば、この処理自体を止めることで高速化できます。ansible.cfg 設定ファイルに以下の設定を追加することで、情報収集を無効化できます。

リスト 5.31: Gathering facts 処理を無効化する際の設定
```
gathering = explicit
```

　ただし、無効化すると管理対象サーバーの情報を利用できなくなりますので、適用する Playbook が ansible の取得した情報を利用していないかどうか確認のうえ、無効化するようにしてください。

対話処理を自動化する

　自動化が難しい処理に、対話型の入力が必要なコマンドやインストーラーの実行があります。アプリケーションによっては、コマンドライン引数による指定やサイレントモードといった代替手段が提供されず、文字列をリダイレクトで渡してもうまく動作しないものがあります。そのような場合でも、Ansible では、「expect」[*6] モジュールを使うことで簡単に自動化できます。

　以下では、MariaDB インストール後にセキュリティ対策を実行する「mysql_secure_installation」コマンドを自動実行する方法を例に挙げて説明していきます。MariaDB Server 5.5 にて動作を確認しています。また、管理対象サーバー側に「pexpect」python モジュールの導入が必要となります。

リスト 5.32: 対話処理の自動化
```
- hosts: dbservers
  vars:
    password: "password"
  tasks:
  - name:"/usr/bin/mysql_secure_installation"
    expect:
      command: /usr/bin/mysql_secure_installation
      responses:
        "Enter current password for root \\(enter for none\\): " : ""
```

[*6]　http://docs.ansible.com/ansible/expect_module.html

```
"Set root password\\? \\[Y\\/n\\] " : "Y"
"New password: " : "{{ password }}"
"Re-enter new password: " : "{{ password }}"
"Remove anonymous users\\?" : "y"
"Disallow root login remotely\\?" : "y"
"Remove test database and access to it\\?" : "y"
"Reload privilege tables now\\?" : "y"
```

上記の例では、6 行目に「expect」モジュールの利用を宣言し、続く「command」アトリビュートで実行コマンドを指定しています。その後の「responses」ブロックでは

＜対話型の待ち受けメッセージ（正規表現）＞：＜入力文字列＞

の形で入力文字列を指定することで、対話型の待ち受けメッセージに応じた入力をエミュレートし、自動で処理が進みます。

expect による自動化は、対話処理を自動化する非常に強力で便利なツールですが、コマンド文字列の応答タイミングや期待する応答内容が少し変更されるだけで、動作しなくなってしまう可能性があります。対話型の入力を必要とするコマンドと等価な処理を記述することなども検討したうえで、最終手段として使うことをお勧めします。

5.4 まとめと次の章でやること

この章では、Ansible の Playbook を記述するうえで、知っていると便利な実践的 Tips について解説してまいりました。

Ansible の持つ機能を活かすことで、様々な処理を効率的に記述できることが理解いただけたかと思います。次章は、Ansible のテストにおける考え方や方法論を解説していきます。

第6章 Ansibleにおいてテストを行う理由

この章では、Ansible のテストにおける考え方や方法論を解説していきます。

6.1 Ansibleにおいてテストは必要か

　テストは、対象のプログラムが仕様通りに正しく動いていることの確認や、バグを発見するために必要な工程です。適切なテストをすることにより、対象物（システム）の品質を担保できます。では、Ansible のような構成管理ツールではどうでしょうか。従来の構成管理の手法としてはシェルスクリプトなどを使い、ミドルウェアのインストールおよびサービスの起動を行っていました。シェルスクリプトはプログラムなので、仕様通りに構成管理が行われていることの確認としてテストをすることがあります。それに対して Ansible では、プログラムを使用せずに YAML 形式の Playbook という設定ファイルをユーザーが記述します。そして、その Playbook に基づいて Ansible 内部の Python で記述されたプログラムが実行され、構成管理が行われます。Ansible は、この Playbook に記述した通りにサーバーへ設定ができなかった際には、即座に実行が失敗して終了する設計になっています。このような設計を Ansible では「fail-fast」と呼んでいます。

　Many times, people ask, "how can I best integrate testing with Ansible playbooks?" There are many options. Ansible is actually designed to be a "fail-fast" and ordered system, therefore it makes it easy to embed testing directly in Ansible playbooks.[*1]

[*1] http://docs.ansible.com/ansible/test_strategies.html
「Ansible Documentation Testing Strategies - Ansible Documentation」本文より抜粋

この「fail-fast」な設計により、Ansible の実行が失敗しなかった場合は Playbook に記述した通りに構築が行われたことが保証されます。そのため、Ansible には「テストは必要ない」という考えも存在します。しかし人の手でコードを書いている限りは、設定の順序やパラメータの間違いなどのヒューマンエラーが発生する可能性はあります。そのような可能性を洗い出すためにも、テストをする必要性は出てくると考えます。

6.2　テスト対象

Ansible においてテストは必要だと考えますが、「fail-fast」という設計によりテストすべき項目が減っていることは確かです。ここからは、Ansible でどのようなテストを行うべきかを説明していきます。

一連の task 単位でテストを行う

以下のリストは、jenkins のインストールからサービスの開始までの一連の task を記述したものです。

リスト 6.1: jenkins のインストールからサービスを開始するまでのタスク

```yaml
---
- name: Install openjdk and openjdk-devel
  yum: name={{ item }} state=present update_cache=yes
  with_items: openjdk_items
  tags:
  - jenkins

- name: Get jenkins repository
  get_url: url={{ jenkins_repository }} dest={{ yum_repository_path }}
  tags:
  - jenkins

- name: Import jenkins key
  rpm_key: state=present key={{ jenkins_key }}
  tags:
  - jenkins

- name: Install jenkins
  yum: name=jenkins state=latest update_cache=yes
  tags:
  - jenkins

- name: Start jenkins
  service: name=jenkins state=started enabled=yes
  tags:
  - jenkins
```

この一連のtaskにおける最終的な目的は、jenkinsのサービスが正常に起動していることです。つまりテストするべき項目は「jenkinsのサービスが正常に動作していること」となります。また、Ansible上ではこの一連のタスクの実行が正常に完了したとしても、その後に何らかの要因でjenkinsのサービスが停止してしまう可能性もあります。そういった事態を考慮して、最終確認としてこのようなテストを行っておくべきだと考えます。

不安なtaskをテストする

先ほどの「一連のtask単位でテストを行う」は、最低限行うべきことだと思います。それ以外に、途中過程においても不安なtaskがあればテストするべきだと考えます。Playbookをコードという形で人間が記述している限りはヒューマンエラーが存在するため、絶対的な安心はできないはずです。TDD（テスト駆動開発）でよく出てくるキーワードとして「不安をテストにする」というものがあるように、Playbookを書く人が不安に思う項目があればテストをするべきです。

シェルスクリプトをテストする

Ansibleには、commandモジュールやshellモジュールのようにシェルスクリプトをそのまま実行できるモジュールが存在しています。これらのモジュールは、シェルスクリプトが正常に終了したことを保証します。そのため、Ansibleの実行が正常に終了したにもかかわらず、期待した結果にならない可能性が高くなります。これらのモジュールを使用する際は、シェルスクリプトそのものが間違っている可能性を考慮して、期待通りの結果であることをテストしてあげるべきだと考えます。

ユーザーの期待する結果をテストする

例えば、ユーザーがjenkinsを利用したいという要件があったとします。その要件を満たすために、jenkinsが利用できる環境を構築するPlaybookを実行します。その後、実際の利用を想定して外部から対象サーバーのIPとjenkinsのport番号を指定して期待したページが返ってくることや、適切なステータスコードが返ってくることをテストします。このテストにより、ユーザーの要件を満たしていることを確認します。

このテストは先ほどの「一連のtask単位でテストを行う」より一つ上のレイヤー（インフラ全体）をテストしています。そのため、Ansibleが実行した内容は全く気にしないので、Ansibleにおけるテストという枠を超えることにはなります。しかし、対象サーバーが正常に構築されていても、ネットワークの設定など何らかの外的要因により、目的を達成できない可能性があります。Ansibleの構成管理だけではなく、インフラ全体を意識した広い視野で見れば、このテスト

も必要となってきます。

6.3 テストツール

テストツールを利用するメリット

正しい Playbook を作成する過程で、図 6.1 のように Ansible の実行と構築の確認を繰り返し行うことがあります。

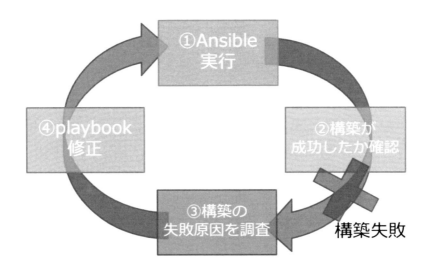

図 6.1　Playbook 作成時には実行と確認が繰り返される

Playbook の設定を間違えた際、対象サーバーにログインし、コマンドを駆使して構築が正常に行われていることを確認するのは非効率な方法です。それに対してテストツールを利用すれば、このような手動での確認は不要になり、効率的に構築結果を確認できます。加えて CI（継続的インテグレーション）ツールを利用することにより、Playbook の修正、Ansible 実行、テストコードの実行という一連の流れを自動化することもできます。

テストツールの紹介

serverspec

serverspec は RSpec がベースとなっているテストツールで、ssh でテスト対象のサーバーにロ

6.3 テストツール

グインしてサーバーの中からテストを行います。Ansible を実行した際も同じように ssh で対象のサーバーにログインしてから実行します。そのため Ansible の実行で行える項目と serverspec でテストできる項目は、重複している部分が多くあります。Ansible に対応したテストは、容易に行うことができます。serverspec の記法は、RSpec とほぼ同じです。

以下の例では httpd のサービスが起動していることをテストしています。

リスト 6.2: serverspec の記述例

```
require 'spec_helper'

set :request_pty, true

describe package('httpd') do
  it { should be_running }
end
```

serverspec でテストできる主な項目は、以下の通りです。

- 指定したサービスが動いているか
- 指定したポートが開いているか
- 指定したファイルが存在しているか

AnsibleSpec

AnsibleSpec は Ansible 専用テストツールで、serverspec がベースとなっています。テストコードを Playbook のディレクトリ内に組み込むことや、inventory ファイルの設定をもとにテストを実行することができます。また、テストできる項目や記述方法は serverspec と同じです。詳細はこちらのサイトの記事「Ansible 専用のテストツール AnsibleSpec の特徴および使い方」[*2]にて解説されています。

infrataster

infrataster は RSpec がベースとなっているテストツールで、対象サーバーの外からテストを行うツールです。対象サーバーの内部は気にせず、外部から確認を行うため、Ansible におけるテストだけではなく、外的要因も洗い出すことができます。infrataster の記法は、RSpec とほぼ同じです。

以下の例では、指定の URL にリクエストした際にステータスコードの 200 番を返してくるこ

[*2] http://tech-sketch.jp/2016/03/ansiblespec.html

とをテストしています。

リスト 6.3: infrataster の記述例
```
require 'spec_helper'

describe server(:app) do
  describe http('http://ip:port') do
    it 'returns 200' do
      expect(response.status).to eq(200)
    end
  end
end
```

infrataster でテストできる主な項目は、以下の通りです。

- 指定したステータスコードが返ってくるか
- 指定したページを返すか

Ansible の assert モジュール

Ansible 標準のモジュールを用いて、Playbook にテストコードを記述できます。 that 句にテスト項目を文字列で指定します。渡す文字列は、when 句に記述できる内容と同じになります。

以下の例では、OS の family が「Debian」であることをテストしています。

リスト 6.4: assert モジュールを用いたテストの例
```
- assert: { that: "ansible_os_family == 'Debian'" }
```

6.4 テストツールを使用した実例

ここまでの話を踏まえて、実際に Ansible におけるテストを行っていきます。

構成および実行の流れ

今回は、jenkins をインストールしてサービスを起動する Playbook をテスト対象とします。全体の構成図および実行の流れを図 6.2 に示します。

実行の流れとしては、まず (1) で 10.255.197.175 の jenkins 実行用サーバーに対して jenkins のインストールおよびサービスを起動する Playbook を Ansible で実行します。Ansible の実行が終了したら、次に (2) で正常に構築されていることを確認するためにテストを実行します。使用するテストツールは、serverspec および infrataster とします。

6.4 テストツールを使用した実例

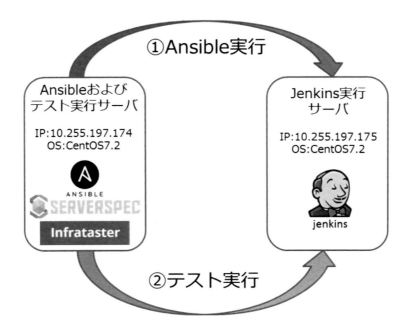

図 6.2 全体の構成図および実行の流れ

テスト対象となる Playbook

ディレクトリ構造は、以下のようになっています。

リスト 6.5: ディレクトリ構造

hosts（inventory ファイル）の内容を以下に示します。

リスト 6.6: hosts ファイル

```
[all]
*.*.*.*
```

以下の Playbook は、group_vars ディレクトリの all です。

第 6 章　Ansible においてテストを行う理由

リスト 6.7: Playbook（group_vars/all）

```
user: "root"
proxy_env:
  http_proxy: ""
  https_proxy: ""
```

以下の Playbook は、jenkins.yml です。

リスト 6.8: Playbook（jenkins.yml）

```
---
- name: Ansible-Jenkins-Test
  hosts: jenkins
  become: yes
  become_user: "{{ user }}"
  roles:
  - common
  - jenkins
  environment: "{{ proxy_env }}"
```

以下の Playbook は、roles/jenkins/vars ディレクトリの main.yml です。

リスト 6.9: Playbook（roles/jenkins/vars/main.yml）

```
---
openjdk_items:
  - java-1.7.0-openjdk
  - java-1.7.0-openjdk-devel
yum_repository_path: /etc/yum.repos.d
jenkins_repository: http://pkg.jenkins-ci.org/redhat/jenkins.repo
jenkins_key: http://pkg.jenkins-ci.org/redhat/jenkins-ci.org.key
jenkins_host_name: localhost
jenkins_port: 8080
jenkins_updates_json_path: /var/lib/jenkins/updates/default.json
jenkins_cli_dest: ~/jenkins-cli.jar
jenkins_cli_url: http://{{ jenkins_host_name }}:{{ jenkins_port
}}/jnlpJars/jenkins-cli.jar
```

以下の Playbook は、roles/jenkins/tasks ディレクトリの main.yml です。

リスト 6.10: Playbook（roles/jenkins/tasks/main.yml）

```
---
- include: deploy.yml
```

以下の Playbook は、roles/jenkins/tasks ディレクトリの deploy.yml です。

リスト 6.11: Playbook（roles/jenkins/tasks/deploy.yml）

```
---
- name: Install openjdk and openjdk-devel
  yum: name={{ item }} state=present update_cache=yes
  with_items: openjdk_items
  tags:
  - jenkins
```

```
- name: Get jenkins repository
  get_url: url={{ jenkins_repository }} dest={{ yum_repository_path }}
  tags:
  - jenkins

- name: Import jenkins key
  rpm_key: state=present key={{ jenkins_key }}
  tags:
  - jenkins

- name: Install jenkins
  yum: name=jenkins state=latest update_cache=yes
  tags:
  - jenkins

- name: Start jenkins
  service: name=jenkins state=started enabled=yes
  tags:
  - jenkins
```

テストコード

まず、serverspec のテストコードを以下に示します。

リスト 6.12: serverspec のテストコード

```
require 'spec_helper'

set :request_pty, true

describe package('jenkins') do
  it { should be_installed }
end

describe service('jenkins') do
  it { should be_enabled }
  it { should be_running }
end

describe port(8080) do
  it { should be_listening }
end
```

上述のテストコードでは、以下の項目がテストされています。

- jenkins のパッケージがインストールされているか
- jenkins のサービスが enable になっているか
- jenkins のサービスが起動しているか
- 8080 番ポートが listen 状態か

テスト結果（serverspec）

テストが成功した場合は、以下のような出力になります。

リスト 6.13: テスト成功時の出力（serverspec）

```
....

Finished in 3.34 seconds (files took 0.5838 seconds to load)
4 examples, 0 failures
```

次に、infrataster によるテストコードを示します。

リスト 6.14: infrataster のテストコード

```ruby
require 'spec_helper'

describe server(:app) do
  describe http('http://10.255.197.175:8080') do
    it 'returns 200 status code' do
      expect(response.status).to eq(200)
    end
    it 'responds as \'text/html;charset=UTF-8\'' do
      expect(response.headers['content-type']).to eq('text/html;charset=UTF-8')
    end
    it 'responds content including \'Jenkinsへようこそ！\'' do
      expect(response.body.force_encoding('UTF-8')).to include('Jenkinsへようこそ！')
    end
  end
end
```

上述のテストコードでは、以下の項目がテストされています。

- 対象のページに対してリクエストした際にステータスコード 200 番が返ってくるか
- 対象のページに対してリクエストした際にヘッダーの content-type が「text/html;charset=UTF-8」か
- 対象のページに対してリクエストした際に body の中に「Jenkins へようこそ」という文字列が含まれているか

テスト結果（infrataster）

テストが成功した場合は以下のような出力になります。

リスト 6.15: テスト成功時の出力（infrataster）
```
...
Finished in 0.08792 seconds (files took 1.2 seconds to load)
3 examples, 0 failures
```

6.5 まとめと次の章でやること

　この章では、Ansibleにおけるテストをどのように行うべきかを解説しました。また、その考えをもとに実例としてテストを行いました。 Ansibleにおけるテストが必要であるかという問題に対して、議論されることは多々あります。必ずテストが必要であると言い切ることは難しいですが、テストを行うメリットはあります。そしてテストのメリットを引き出すためには、そのPlaybookが何のために作成されているかを意識することが大切です。

　次章では、複数のアプリケーションをデプロイする実例を紹介します。

第7章 開発チームの環境をAnsibleで一括構築しよう

本書ではここまで、Ansibleの使い方から実際にPlaybookを書く際に役立つTips、テストの考え方などをご紹介してきました。最終章では、サンプルのPlaybookを使って開発チームのための環境を構築してみたいと思います。今回利用するPlaybookは、GitHub[*1]から取得できます。こちらです。

7.1 Playbookの紹介

今回利用するPlaybookは、本書の第2章から第7章までの著者らが参加しているOSSコンソーシアム クラウド部会[*2]の活動で作成したものです。MITライセンスで公開していますので、どなたでも自由に利用することができます。

このPlaybookでは、以下のOSSツール[*3]の環境構築を行うことが可能です。

- GitLab（バージョン管理ツール）
- Jenkins（CIツール）
- Redmine（プロジェクト管理ツール）
- RocketChat（チャットツール）

[*1] https://github.com/OSSConsCloud/ansible_wg
[*2] http://www.osscons.jp/
[*3] https://about.gitlab.com/
https://jenkins-ci.org/
http://www.redmine.org/
https://rocket.chat/

Playbookの構成

Playbookは第4章でご紹介したAnsibleのベストプラクティスを参考に、以下のような構成になっています。ツールごとにRoleを分割しており、すべてのRoleで実行する共通設定はcommonというRoleに抜き出しています。また、各Roleには第6章でご紹介したansiblespecのテストコードも含まれています。

リスト7.1: Playbookを含むディレクトリの構造

```
.
├── README.md
│
├── hosts
│
├── site.yml
├── common.yml
├── gitlab.yml
├── jenkins.yml
├── redmine.yml
├── rocketchat.yml
│
├── group_vars
│   └── all
│
└── roles
    ├── common
    │   ├── spec
    │   │   └── common_spec.rb
    │   └── tasks
    │       └── main.yml
    ├── gitlab
    │   ├── README.md
    │   ├── spec
    │   │   └── gitlab_spec.rb
    │   └── tasks
    │       └── main.yml
    ├── jenkins
    │   ├── README.md
    │   ├── handlers
    │   │   └── main.yml
    │   ├── spec
    │   │   └── jenkins_spec.rb
    │   ├── tasks
    │   │   ├── deploy.yml
    │   │   ├── main.yml
    │   │   └── plugin.yml
    │   └── vars
    │       └── main.yml
    ├── redmine
    │   ├── README.md
    │   ├── files
    │   │   ├── configuration.yml
    │   │   └── database.yml
```

```
│   ├── spec
│   │   └── redmine_spec.rb
│   ├── tasks
│   │   └── main.yml
│   ├── templates
│   │   ├── configuration.yml
│   │   ├── database.yml
│   │   ├── pg_hba.conf
│   │   └── redmine.conf
│   └── vars
│       └── main.yml
└── rocketchat
    ├── README.md
    ├── files
    │   └── meteor-install.sh
    ├── handlers
    │   └── main.yml
    ├── spec
    │   └── rocketchat_spec.rb
    ├── tasks
    │   ├── main.yml
    │   ├── node_js.yml
    │   └── rocketchat.yml
    ├── templates
    │   ├── initiate.js.j2
    │   ├── mongodb.repo.j2
    │   └── pm2-rocket-chat.json.j2
    └── vars
        └── main.yml
```

Playbookの詳細

Playbookの実行前に、確認しておきたいファイルについて解説します。

README.md

Playbookの説明と設定可能なvarsの一覧が記載されています。各ツールの個別設定は、RoleごとのREADME.mdを参照してください。

hosts

Playbookの実行対象を記述するInventory fileです。このファイルに、実行対象のサーバーのIPアドレスを記述します。

第 7 章 開発チームの環境を Ansible で一括構築しよう

リスト 7.2: hosts

```
[gitlab]
gitlab
[jenkins]
jenkins
[redmine]
redmine
[rocketchat]
rocketchat
```

site.yml

システム全体で利用する Playbook を記述したファイルです。各 Role の Playbook を順番に呼び出すように書かれており、Ansible 実行時にこの Playbook を指定するだけで、すべての環境を一括構築することができます。

リスト 7.3: site.yml

```
- include: common.yml
- include: gitlab.yml
- include: jenkins.yml
- include: redmine.yml
- include: rocketchat.yml
```

group_vars/all

group_vars/all に設定された変数は、デフォルト値として扱われます（詳細は、公式サイトの「Best Practices - Ansible Documentation」[4]を参照してください）。今回の Playbook では、SSH でログインする際のユーザー名とプロキシの設定が記述できるようになっており、各 Role の Playbook で共通の値が呼び出されます。

リスト 7.4: group_vars_all

```
user: "root"
proxy_env:
  http_proxy: ""
  https_proxy: ""
```

7.2 Playbook の実行

今回は、OpenStack 上に以下のような環境を用意して、Playbook を実行します。

---

[4] http://docs.ansible.com/ansible/playbooks_best_practices.html#group-and-host-variables

7.2 Playbookの実行

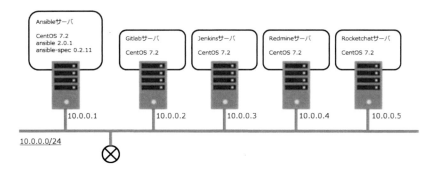

図 7.1　実行環境

Playbook 実行までの手順は、以下のとおりです。

Ansible環境の準備とPlaybookの取得

まず、Ansible をインストールします。

リスト 7.5: Ansible のインストール

```
$ sudo yum install epel-release
$ sudo yum install ansible

$ ansible --version
ansible 2.0.1.0
  config file = /etc/ansible/ansible.cfg
  configured module search path = Default w/o overrides
```

今回利用する Playbook は、GitHub から取得します。

リスト 7.6: Playbook を GitHub から取得

```
$ sudo yum install git
$ git clone https://github.com/OSSConsCloud/ansible_wg.git
$ cd ansible_wg
```

hostsの設定

Inventory file に、対象サーバーの IP アドレスを記述します。

リスト 7.7: hosts の設定

```
$ vi hosts
[gitlab]
10.0.0.2
[jenkins]
10.0.0.3
[redmine]
```

```
10.0.0.4
[rocketchat]
10.0.0.5
```

パスワード認証なしでSSH接続できるよう、ssh-copy-idコマンドなどを利用して、あらかじめ対象サーバーとAnsible実行サーバーで鍵交換を行っておきます。

以下のコマンドを実行してSUCCESSと表示されれば、Ansible実行サーバーと対象サーバーは疎通できています。

リスト7.8: サーバー間の疎通確認

```
$ ansible all -i hosts -m ping
10.0.0.3 | SUCCESS => {
    "changed": false,
    "ping": "pong"
}
10.0.0.2 | SUCCESS => {
    "changed": false,
    "ping": "pong"
}
10.0.0.4 | SUCCESS => {
    "changed": false,
    "ping": "pong"
}
10.0.0.5 | SUCCESS => {
    "changed": false,
    "ping": "pong"
}
```

varsの設定

Ansibleを実行する前に、変数の設定を行います。前述のように、group_vars/allに対象サーバーにSSHでログインするユーザー名とプロキシを指定できます。今回はcentosユーザーを使用するので、userにcentosを指定しています。また、プロキシが必要な場合は、適宜設定します。

リスト7.9: 変数の設定

```
$ vi group_vars/all
user: "centos"
proxy_env:
  http_proxy: ""
  https_proxy: ""
```

Rocketchatのvars fileには、RocketChatサーバーのホスト名を指定します。今回はrocketchatというホスト名になっているため、設定は以下のようになります。

リスト 7.10: Rocketchat 用の vars file

```
$ ssh 10.0.0.5 hostname
rocketchat

$ vi roles/rocketchat/vars/main.yml
host: rocketchat
```

Playbook 実行

　ここまでで Playbook の実行準備が整いましたので、Top Level の Playbook である site.yml を引数に指定して、Ansible を実行します。Inventory file は「-i」オプションで指定します。

　Playbook を実行すると、最初に common の処理が実行され、その後、順次 Role ごとの処理が実行されていきます。

　以下のように、エラーなく実行が終了すれば環境構築完了です。

リスト 7.11: Playbook 実行のようす

```
$ ansible-playbook -i hosts site.yml

PLAY [common] ******************************************************************

TASK [setup] *******************************************************************
ok: [10.0.0.5]
ok: [10.0.0.4]
ok: [10.0.0.2]
ok: [10.0.0.3]

(中略)

PLAY [gitlab] ******************************************************************

TASK [setup] *******************************************************************
ok: [10.0.0.2]

(中略)

PLAY [jenkins] *****************************************************************

TASK [setup] *******************************************************************
ok: [10.0.0.3]

(中略)

PLAY [common] ******************************************************************

TASK [setup] *******************************************************************
ok: [10.0.0.4]

(中略)
```

```
PLAY [rocketchat] ************************************************************

TASK [setup] *****************************************************************
ok: [10.0.0.5]

(中略)

PLAY RECAP *******************************************************************
10.0.0.2                   : ok=17   changed=9    unreachable=0    failed=0
10.0.0.3                   : ok=18   changed=11   unreachable=0    failed=0
10.0.0.4                   : ok=41   changed=32   unreachable=0    failed=0
10.0.0.5                   : ok=35   changed=28   unreachable=0    failed=0
```

Playbook のデバッグ方法

Ansible の実行結果がエラーになった場合は、以下の方法を利用することでデバッグしやすくなります。

デバッグオプション

Ansible の実行コマンドに「-vvv」オプションをつけることで、出力結果をより詳細にして、問題点を見つけやすくなります。

リスト 7.12: デバッグ時には-vvv オプションが有用

```
$ ansible-playbook -i hosts site.yml -vvv
```

対象ホストを限定して実行

Ansible の実行コマンドに「--limit <role_name>」をつけることで、特定の Role に属しているホストにのみ Playbook を実行することができます。例えば以下のコマンドでは、Inventory file で gitlab に属するホストにのみ Playbook が適用されます。実行対象のホストが絞り込まれるだけなので、Playbook は common、gitlab の両方が適用されます。

リスト 7.13: 対象ホストを限定する--limit オプション

```
$ ansible-playbook -i hosts site.yml --limit gitlab
```

既知の不具合

以下の不具合が GitHub の Issue に報告されています。もし同様のエラーが発生した場合は、参照してください。

TASK [setup] の SSH Error

TASK [setup] で以下のエラーが出る場合は、環境変数に「ANSIBLE_SCP_IF_SSH=y」を指定して Ansible を実行してみてください。[5]

リスト 7.14: 既知の不具合その 1

```
SSH Error: data could not be sent to the remote host. Make sure this host can be
reached over ssh
```

firewalld の設定変更が ALREADY_ENABLED となる

firewalld のポートを開閉するタスクが実行される際、すでに同一のルールが有効であった場合、エラーが発生することがあります。[6] firewalld の設定変更を含む Playbook を何度も実行する場合は、一度 firewalld のルールを初期化してから実行するか、タスクのエラーを無視するよう設定してください。タスクでエラーが発生した際、それを無視して次のタスクを実行するには「ignore_errors: yes」を指定します。

リスト 7.15: タスクのエラーを無視する設定

```
- name: be sure http service port is open
  firewalld: permanent=True service=http state=enabled immediate=true
  ignore_errors: yes
```

動作確認

Ansible の実行が完了したら、実際に構築した環境にアクセスしてみます。

Gitlab

http://10.0.0.2 にアクセスすると、gitlab の画面が表示されます。最初に root アカウントのパスワード初期化画面が表示されるので、任意のパスワードを入力します。その後サインイン画面が表示されるので、root と先ほど設定したパスワードを入力すると gitlab にログインできます。

---

[5] https://github.com/ansible/ansible/issues/13401
[6] https://github.com/ansible/ansible-modules-extras/issues/1080

第 7 章　開発チームの環境を Ansible で一括構築しよう

図 7.2　Gitlab のログイン画面

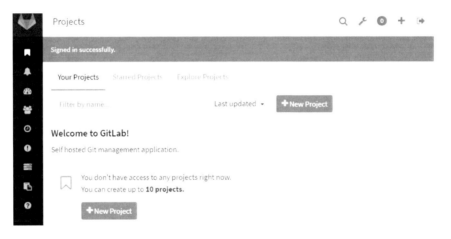

図 7.3　Gitlab のダッシュボード画面

Jenkins

http://10.0.0.3:8080 にアクセスすると、jenkins の画面を確認することができます。また、今回の Playbook を利用すると、すでに Git プラグインがインストールされた状態になっています。

7.2 Playbook の実行

図 7.4　Jenkins のダッシュボード画面

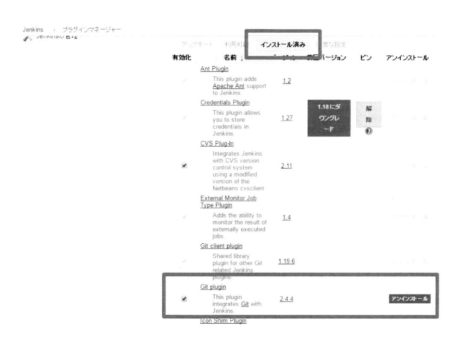

図 7.5　Jenkins のプラグイン

Redmine

http://10.0.0.4/redmine/ にアクセスすると、Redmine の画面が表示されます。画面右上の「ログイン」を選択して、管理者アカウントのログイン ID とパスワード（どちらも「admin」で

95

第 7 章　開発チームの環境を Ansible で一括構築しよう

す）を入力します。

図 7.6　Redmine のログイン画面

管理者アカウントでログインすると Redmine を利用できます。

図 7.7　Redmine のダッシュボード画面

Rocketchat

http://10.0.0.5:3000 にアクセスすると、ログイン画面が表示されます。「新しいアカウントを登録」を選択してアカウント情報を入力し、送信ボタンを押します。

すると再度ログイン画面が表示されるので、作成したアカウント情報を入力してログインします。

図 7.8　Rocketchat のサインイン画面

図 7.9　Rocketchat のダッシュボード画面

7.3　構築した環境のテスト

　今回の Playbook には、serverspec のテストコードが同梱されています。例えば、role/jenkins/spec/jenkins_spec.rb は以下のような内容になっており、(1) jenkins が起動していること、(2) 8080 番ポートを Listen していることの 2 点がテストされています。

リスト 7.16: Jenkins 用の serverspec テストコード

```
describe service('jenkins') do
  it { should be_enabled }
  it { should be_running }
end

describe port(8080) do
  it { should be_listening }
```

```
end
```

ansible_spec のインストール

ansible_spec を利用することで、Ansible の Inventory file の内容をもとに SSH 経由で serverspec のテストを実行することができます。

まずは Ansible 実行サーバーで以下のコマンドを実行し、ansible_spec をインストールします。

リスト 7.17: ansible_spec のインストール

```
$ sudo yum install gem ruby-devel gcc
$ gem install ansible_spec rake

$ gem list ansible_spec
*** LOCAL GEMS ***
ansible_spec (0.2.11)
```

テストの実行

用意されているテストの一覧を確認するためには、以下のコマンドを用います。

リスト 7.18: 用意されているテストの確認

```
$ rake -T
rake serverspec:common      # Run serverspec for common
rake serverspec:gitlab      # Run serverspec for gitlab
rake serverspec:jenkins     # Run serverspec for jenkins
rake serverspec:redmine     # Run serverspec for redmine
rake serverspec:rocketchat  # Run serverspec for rocketchat
```

一覧に表示されたコマンドを実行すると、対応するテストを実施できます。各テストの実行のようすを、以下に示します。

リスト 7.19: common のテスト実行

```
$ rake serverspec:common
Run serverspec for common to {"name"=>"10.0.0.2", "port"=>22, "uri"=>"10.0.0.2"}
.......

Finished in 0.405 seconds (files took 0.21447 seconds to load)
7 examples, 0 failures
```

リスト 7.20: gitlab のテスト実行

```
$ rake serverspec:gitlab
Run serverspec for gitlab to {"name"=>"10.0.0.2", "port"=>22, "uri"=>"10.0.0.2"}
.....
```

```
Finished in 0.43535 seconds (files took 0.21471 seconds to load)
5 examples, 0 failures
```

リスト 7.21: jenkins のテスト実行

```
$ rake serverspec:jenkins
Run serverspec for jenkins to {"name"=>"10.0.0.3", "port"=>22, "uri"=>"10.0.0.3"}
...

Finished in 0.41946 seconds (files took 0.21628 seconds to load)
3 examples, 0 failures
```

リスト 7.22: redmine のテスト実行

```
$ rake serverspec:redmine
Run serverspec for redmine to {"name"=>"10.0.0.4", "port"=>22, "uri"=>"10.0.0.4"}
.............

Finished in 0.35985 seconds (files took 0.52526 seconds to load)
13 examples, 0 failures
```

リスト 7.23: rocektchat のテスト実行

```
$ rake serverspec:rocketchat
Run serverspec for rocketchat to {"name"=>"10.0.0.5", "port"=>22, "uri"=>"10.0.0.5"}
...

Finished in 0.35099 seconds (files took 0.21446 seconds to load)
3 examples, 0 failures
```

7.4 まとめ

　この章では開発チームの環境を Ansible で構築するというテーマで、Playbook の実例をご紹介しました。Playbook が用意されていることで簡単に環境構築ができ、必要なときにすぐに使い始めることができます。みなさんも、Ansible を使って環境構築の効率化を実現してみてください。

●著者紹介

平 初（たいら はじめ）
レッドハット株式会社／担当：第1章
サービス事業統括本部 ソリューション・アーキテクト部 ソリューションアーキテクト＆クラウドエバンジェリスト。商社系システムインテグレーター、外資系ハードウェアベンダーを経て、現在、レッドハット株式会社にてクラウドエバンジェリストとして活躍。2006年に仮想化友の会を結成し、日本における仮想化技術の普及推進に貢献した。

平原 一帆（ひらはら かずほ）
日立ソリューションズ／担当：第2章、第3章
インフラ系OSSを中心に、新技術・新製品の組み合わせ評価及びソリューション開発支援に従事。現在は主にOSSクラウド技術の評価・情報展開を実施している。Open Standard Cloud Association (OSCA™)、OSSコンソーシアム クラウド部会などでも活動中。

小野寺 大地（おのでら だいち）
新日鉄住金ソリューションズ／担当：第4章
技術本部 システム研究開発センター システム基盤技術研究部 所属。XaaSをキーワードにクラウド構築技術やサービスの展開、運用の研究開発に従事。趣味は写真撮影。一般社団法人LOCAL正会員。

安久 隼人（やすひさ はやと）
新日鉄住金ソリューションズ／担当：第5章
技術本部 システム研究開発センター システム基盤技術研究部 所属。クラウドサービスの開発やマルチクラウド時代のシステム構築・運用自動化に関する研究開発、OSSクラウド技術の評価検証等に従事。OSSコンソーシアム クラウド部会などでも活動中。

坂本 諒太（さかもと りょうた）
TIS株式会社 戦略技術センター／担当：第6章
2015年新卒入社。デザイン指向クラウドオーケストレーションソフトウェア「CloudConductor」(http://cloudconductor.org/) のプロジェクトに従事。開発の傍らDockerやAnsibleなど、OSSの検証を行っている。最近興味を持っている技術はIoTとElixir言語。

冨永 善視（とみなが よしみ）
TIS株式会社 戦略技術センター／担当：第7章
クラウドサービスとOSSの活用を中心に、インフラ運用に関する提案や技術検証、サービス開発に従事。OSSコンソーシアム クラウド部会などで検証成果を公開している。現在は機械学習などAI技術を活用した研究開発にも着手している。

●協力

OSSコンソーシアム クラウド部会

●スタッフ
- 田中 佑佳（表紙デザイン）
- 飯岡 真志（紙面レイアウト、Web連載編集）

本書のご感想をぜひお寄せください
http://book.impress.co.jp/books/1116101065
アンケート回答者の中から、抽選で商品券（1万円分）や図書カード（1,000円分）などを毎月プレゼント。
当選は商品の発送をもって代えさせていただきます。

●本書の内容に関するご質問は、書名・ISBN・お名前・電話番号と、該当するページや具体的な質問内容、お使いの動作環境などを明記のうえ、インプレスカスタマーセンターまでメールまたは封書にてお問い合わせください。電話やFAX等でのご質問には対応しておりません。なお、本書の範囲を超える質問に関しましてはお答えできませんのでご了承ください。

●落丁・乱丁本はお手数ですがインプレスカスタマーセンターまでお送りください。送料弊社負担にてお取り替えさせていただきます。但し、古書店で購入されたものについてはお取り替えできません。

■読者の窓口
インプレスカスタマーセンター
〒101-0051 東京都千代田区神田神保町一丁目105番地
TEL 03-6837-5016 ／ FAX 03-6837-5023
info@impress.co.jp

■書店／販売店のご注文窓口
株式会社インプレス 受注センター
TEL 048-449-8040
FAX 048-449-8041

Ansible徹底活用ガイド（Think IT Books）

2016年10月1日 初版発行

著 者 平 初、平原 一帆、小野寺 大地、安久 隼人、坂本 諒太、冨永 善視
発行人 土田 米一
編集人 高橋 隆志
発行所 株式会社インプレス
　　　　〒101-0051　東京都千代田区神田神保町一丁目105番地
　　　　TEL　03-6837-4635（出版営業統括部）
　　　　ホームページ　http://book.impress.co.jp/

本書は著作権法上の保護を受けています。本書の一部あるいは全部について（ソフトウェア及びプログラムを含む）、株式会社インプレスから文書による許諾を得ずに、いかなる方法においても無断で複写、複製することは禁じられています。

Copyright © 2016 Hajime Taira, Kazuho Hirahara, Daichi Onodera, Hayato Yasuhisa, Ryota Sakamoto, Yoshimi Tominaga. All rights reserved.
印刷所　京葉流通倉庫株式会社
ISBN978-4-8443-8166-2　C3055
Printed in Japan